LES 100 meilleurs CHAMPIGNONS comestibles

AVERTISSEMENT AUX LECTEURS

Le choix des illustrations et la description des espèces de cet ouvrage ont été réalisés avec le plus grand soin. Cependant, nous rappelons aux lecteurs qu'il est préférable de délaisser un champignon récolté si le moindre doute subsiste quant à sa comestibilité. L'amateur non averti prendra soin de faire vérifier sa récolte par une personne compétente.

Direction éditoriale : Hélène Tellier
Relecture : France Fauchère

www.editions-artemis.com

ISBN : 978-2-8160-1572-0
N° d'éditeur : 8160
Dépôt légal : août 2019

2e édition

Achevé d'imprimer : juillet 2022
Imprimé en Pologne par Edica

LES 100 meilleurs CHAMPIGNONS comestibles

Jean-Marie Polese

ARTÉMIS
ÉDITIONS

SOMMAIRE

GÉNÉRALITÉS 6

Déterminer l'espèce d'un champignon 6

Les caractères d'ordre général 6
Les caractères du chapeau 6
Les caractères de l'hyménium 8
Les caractères du pied 8
Les caractères de la chair 8
La couleur de la sporée 8

La cueillette 10

Comment s'équiper 10
Comment cueillir 10
Savoir observer son environnement 12
Préserver le milieu 12
La cueillette des champignons et la loi 13

Les méthodes de conservation 14

La dessiccation ou séchage 14
La stérilisation en bocaux 15
La congélation 15
La conservation à l'huile 15

Cuisiner les champignons 16

La préparation de champignons 16
La cuisson 18
La cuisson au gril 19
Valeur alimentaire des champignons 19
Recettes 20

Les intoxications 24

Symptômes précoces (moins de 6 heures) 24
Symptômes tardifs (plus de 6 heures) 26
Rhabdomyolyse 27
Autres syndromes 27
Quelques recommandations 27

Tableaux des confusions 28

LES ESPÈCES 36

Index 158

Déterminer l'espèce d'un champignon

Les champignons peuvent revêtir des aspects extrêmement variés. Cette variabilité traduit les différentes stratégies qu'ils ont adoptées pour produire et disperser les spores, qui est la raison de leur existence. Certains peuvent avoir une particularité frappante (forme, couleur, odeur...), qui permet de les reconnaître immédiatement.

La plupart des champignons qui nous intéressent et que l'on remarque le plus souvent possèdent un « pied » et un « chapeau », et les indications qui suivent s'appliquent plus particulièrement à eux. Mais il existe bien d'autres formes. Ainsi, les pézizes sont en forme de coupelle (1), les clavaires ressemblent à des buissons nains (2), les vesses-de-loup sont sphériques et leurs spores, enfermées à l'intérieur, sont expulsées à l'extérieur à maturité. Chez les champignons en « croûte », la partie fertile (hyménium) recouvre la majeure partie de la surface.

Chaque fois que c'est possible, on s'attachera à observer les caractères sur des champignons d'âge divers car la taille, l'aspect, la couleur, l'odeur sont souvent très différents pour une même espèce.

Afin de ne pas détériorer les surfaces qui peuvent apporter de bonnes indications, il est important de manipuler le champignon le moins possible et avec précaution.

La plupart de ces caractères peuvent être observés sur le terrain ou après le retour au domicile. Cependant, dans ce dernier cas, certains risquent de disparaître, et il est bon de les relever dès la récolte (présence de pruine ou de flocons, odeur à l'état frais...).

Les caractères d'ordre général

– L'écologie du champignon :
- période de l'année ;
- type de milieu (forêt de conifères, prairies...) ;
- substrat (sol, souche, terrain brûlé...), nature et propriétés du sol (sol calcaire, argileux, très humide...) ;

– Autres espèces fongiques ou végétales qui poussent autour.

– Mode de pousse : isolé, en troupes, en touffes.

– Silhouette : trapue, élancée...

– Dimensions : notamment la hauteur totale et le diamètre du chapeau.

Les caractères du chapeau

– Les dimensions : notamment le diamètre, mais aussi l'épaisseur. Au sein d'une même espèce, le diamètre du chapeau est sujet à variation, en fonction non

1

2

LES PRINCIPAUX ÉLÉMENTS DE DIFFÉRENCIATION DES CHAMPIGNONS

seulement de l'âge du champignon, mais aussi des individus.

– La forme : elle peut être globuleuse, hémisphérique, aplatie, conique, en cloche, en entonnoir, avec un mamelon...

La forme du chapeau varie en général beaucoup suivant l'âge du champignon. En général, globuleux, ovoïde ou hémisphérique, il a tendance à s'étaler et souvent finit par se retrousser vers le haut.

– La surface du chapeau : visqueuse, sèche, veloutée, lisse, granuleuse, fibrilleuse, méchuleuse, à verrues...

– La marge du chapeau : enroulée, ondulée, lisse, striée, fendillée...

– La couleur : c'est un caractère qui est à considérer avec beaucoup de précaution, car, pour certains genres, il est très variable suivant les individus et l'âge du champignon. Les russules, par exemple, sont souvent décolorées. Les champignons hygrophanes prennent une teinte beaucoup plus pâle, lorsque les conditions de milieu deviennent plus sèches.

Les caractères de l'hyménium

L'hyménium est la surface qui produit les spores. Il est situé sous le chapeau. On distingue les champignons à lamelles, les champignons à pores et les champignons à aiguillons.

• Les champignons à lamelles

Ce sont les plus nombreux. On notera les caractères suivants :

– L'espacement des lamelles. À titre indicatif, on dira que les lamelles sont très espacées lorsqu'on en compte moins de trois ou quatre par centimètre au bord du chapeau. Au contraire, les lames seront dites très serrées lorsqu'on en compte plus de six. Il est à noter que le nombre des lamelles restant stable, celles-ci deviennent plus espacées lorsque le chapeau augmente de diamètre lors de son développement.

– La présence ou non de lamellules.

– L'épaisseur des lamelles. On l'apprécie en regardant la tranche des lames, en retournant simplement le champignon. Il ne faut pas confondre épaisseur et largeur des lamelles.

– La largeur des lamelles. Elle s'observe sur une coupe transversale du champignon.

– Le mode de rattachement des lamelles au pied. On le détermine également sur une coupe transversale du chapeau. Il existe une terminologie particulière pour les différents cas de figure de ce caractère. Ils ne sont pas toujours facilement appréciables, aussi n'en avons-nous retenu que trois principaux :

lamelles libres, lorsqu'elles n'adhèrent pas au pied. Elles se terminent en arc de cercle avant d'atteindre le pied ;

lamelles échancrées, lorsqu'elles se rétrécissent subitement avant d'atteindre le pied ;

lamelles décurrentes, lorsqu'elles descendent plus ou moins longuement sur le pied.

– La couleur des lamelles. Il convient de bien différencier la couleur des lamelles chez le jeune (en principe de couleur pâle) de la couleur des lamelles à l'état mature qui peut être tout à fait différente du fait de l'émission des spores colorées.

• Les champignons à pores

Ils comportent moins d'espèces, mais ils sont très fréquents. Leur identification est dans l'ensemble plus facile que chez les champignons à lamelles. On observera :

– la couleur et la hauteur des tubes, observés sur une coupe du chapeau partagé en deux. Les tubes peuvent changer de couleur une fois exposés à l'air ;

– la taille des pores, qui peut varier d'une fraction de millimètre à plusieurs millimètres ;

– la forme des pores (arrondis, allongés, hexagonaux...) ;

– la couleur des pores (ou plus exactement la couleur d'ensemble du dessous du chapeau), qui, comme pour les lames, peut varier avec la maturation.

• Les champignons à aiguillons

Ils ne comportent que quelques espèces.

Il n'y a pas d'observations particulières à noter en ce qui concerne les aiguillons, la détermination se faisant sur d'autres caractères.

Les caractères du pied

– La position du pied par rapport au chapeau : il peut être central, latéral ou excentré.

– La taille du pied : hauteur, diamètre. Certaines espèces ont un pied qui peut s'allonger considérablement au fur et à mesure de la maturation (verpes, cèpe de Bordeaux, par exemple).

– La présence ou non d'un bulbe, d'une volve, d'un anneau ainsi que leur forme, leur couleur.

– La forme du pied : cylindrique, en massue, grêle, ventru, renflé à la base...

– L'aspect de la surface : lisse, fribrilleux, méchuleux, poudré, à cortine, à armille.

– La couleur.

Les caractères de la chair

– La consistance : elle peut être molle, ferme, gélatineuse, élastique, coriace...

– La texture : fibreuse ou cassante.

– La couleur : elle peut être différente entre le chapeau et le pied du champignon, et il est nécessaire de le couper de haut en bas. La chair peut subir un changement de couleur, faible ou plus spectaculaire, lent ou rapide, lorsqu'elle est ainsi exposée à l'air.

– La présence éventuelle d'un liquide appelé « latex » (ou plus simplement lait), qui s'écoule lorsqu'on casse un fragment du champignon. À noter également sa couleur et son changement à l'air.

– L'odeur est parfois importante.

– La saveur. Les principales saveurs chez les champignons sont la saveur douce (neutre), amère, âcre (poivrée). Le fragment mastiqué doit être recraché en totalité ainsi que la salive.

La couleur de la sporée

La sporée est le dépôt des spores du champignon sur une surface. Les diverses couleurs qu'elle peut revêtir ont fait l'objet d'une classification très utile pour identifier les différents groupes.

La cueillette

Les Français sont de gros consommateurs de champignons. Les espèces récoltées et consommées varient d'une région à l'autre, non seulement en fonction des opportunités liées aux conditions écologiques, mais aussi en fonction des traditions locales. Évitez de sortir les jours où la chasse est ouverte, à partir de septembre, ainsi que pendant les journées de chasse à courre, dans les grandes forêts.

Comment s'équiper

La cueillette des champignons ne nécessite pas de tenue vestimentaire ou d'instruments particuliers, contrairement à beaucoup d'autres activités pratiquées dans la nature.

Si vous ne connaissez pas la région, une carte locale au 1/50 000, voire au 1/100 000, vous sera utile. Elle peut vous être d'un précieux secours pour définir vos lieux d'investigation et y accéder. Mieux encore une carte au 1/25 000 pourra vous permettre de vous repérer si vous vous égarez.

Les deux seuls outils indispensables sont :

– **Un couteau** pour couper les pieds ou gratter la terre adhérant aux champignons. Il est préférable que la lame se replie et qu'il soit relié au poignet ou à la ceinture par une attache, car on oublie facilement de le récupérer lorsqu'on l'a posé par terre.

– **Un panier** pour recueillir votre cueillette. De préférence en osier, il aura un fond plat pour éviter d'entasser les champignons et sera tapissé d'une couche de fougères ou de mousse. Les espèces fragiles ne doivent pas être entassées sur une grande hauteur : les champignons du dessous s'écraseraient sous le poids.

À ne pas faire

En général, on déconseille fortement de recueillir et de transporter les champignons dans des sacs en matière plastique, mais cela se pratique très couramment en raison de la commodité du procédé. Il est vrai que les champignons conservés trop longtemps dans de tels sachets, en atmosphère chaude et confinée, se détériorent très vite. Toutefois, si vous êtes pris de court et à condition de ne cueillir que des sujets jeunes et sains et de ne pas les exposer au soleil, votre récolte pourra y séjourner sans dommage pendant 2 ou 3 heures.

• La tenue vestimentaire

L'habillement est très important pour partir à la chasse aux champignons. On doit penser à mettre des vêtements couvrant tout le corps, si l'on ne veut pas risquer de s'écorcher à tout moment sur les diverses épines, branches ou aiguilles de conifères... Les vêtements trop amples sont à proscrire ainsi que ceux qui s'accrochent trop facilement (tricots en laine par exemple). Une bonne paire de chaussures ou de bottes pour les endroits humides complétera cette tenue vestimentaire.

Comment cueillir

Il ne faut récolter que des spécimens que vous pouvez déterminer. Ne prélevez que des sujets en bon état, fermes, si possible avant complète maturité, mais méfiez-

vous tout de même des très jeunes champignons dont la forme ou la couleur peuvent être différentes des individus matures. Les exemplaires jeunes, reconnaissables à la fermeté de leur chair, offrent en règle générale une qualité gastronomique supérieure aux individus plus âgés. Ils sont d'une meilleure tenue à la cuisson et sont moins sujets aux attaques des petites larves d'insectes.

• Une récolte propre

Coupez le champignon à la base avec un couteau et grattez les parties souillées de terre. En procédant ainsi vous éviterez qu'ils ne se salissent entre eux dans votre panier. Le but est de ramener une récolte qui soit le moins sale possible, car il est préférable d'éviter les lavages prolongés qui enlèvent une partie du goût des champignons.

• Des champignons identifiés et sains

Pour les espèces dont on ne consomme que le chapeau (coulemelles, pholiote changeante, marasme des Oréades...),

on ne prélèvera que celui-ci. Les espèces qui peuvent prêter à confusion avec de dangereuses amanites doivent être déterrées pour vérifier l'absence ou la présence d'une volve.

On ne doit récolter que des champignons sains. Les champignons gorgés d'eau, véreux ou trop âgés seront laissés sur le terrain.

Il faut aussi éviter d'entreposer dans le même panier des espèces charnues et fermes avec des espèces fragiles qui risquent de se retrouver écrasées par les premières. Pensez alors à compartimenter votre panier ou à prévoir un récipient par espèce.

Savoir observer votre environnement

Les champignons ne se distribuent pas totalement au hasard. Il arrive que des indices nous indiquent que l'on a de fortes chances de trouver une espèce précise de champignon dans un lieu donné. Le chêne ou le châtaignier, par exemple, sont favorables au cèpe d'été ou à l'oronge. Une forêt de pins en terrain calcaire sera un biotope favorable pour le lactaire sanguin.

• La cohabitation

Les champignons eux-mêmes peuvent être des indicateurs précieux sur la présence de telle ou telle espèce comestible. On observe souvent que l'amanite tue-mouches est révélatrice d'un emplacement à cèpes de Bordeaux, si bien qu'il suffit de repérer celle-ci – ce qui est chose facile étant donné sa couleur très vive – pour trouver bien souvent des cèpes dans le même bois. Le clitopile petite prune est une autre espèce indicatrice des stations à cèpes, et sa couleur blanche doit vous inciter à bien regarder aux alentours. Parfois, la cohabitation n'est pas simultanée, mais avec un décalage de quelques jours.

• Savoir repérer les emplacements

Enfin, lors d'une sortie particulièrement productive, il est intéressant de bien mémoriser le type de milieu qui s'est montré propice et de repérer l'emplacement pour une prochaine saison : les champignons poussent souvent sur les mêmes places, surtout les espèces formant des « ronds de sorcières ».

Préserver le milieu

Afin de préserver le mycélium, on ne doit pas gratter le sol autour du champignon ni soulever la mousse ou les feuilles pour déceler d'éventuels jeunes sujets. En prenant soin de cueillir les champignons sans bouleverser le milieu environnant, vous ne compromettrez pas les futures pousses, le mycélium présent dans le sol pourra donner naissance à de nouveaux chapeaux dans la saison ou dans les années prochaines.

Laissez en place les exemplaires vieillissant pour la dissémination de l'espèce.

Même les champignons non comestibles, voire toxiques, doivent être laissés intacts : ils ont leur place et leur utilité dans le milieu.

La cueillette des champignons et la loi

Contrairement à ce que l'on pense, les champignons que l'on trouve dans les prés ou dans les bois (ou même en bordure de chemin) ont tous un propriétaire : celui du terrain sur lequel ils poussent ! C'est ce que nous apprend l'article 547 du Code civil. Ce propriétaire peut-être une personne physique, une collectivité locale ou encore une administration de l'État.

Le propriétaire du terrain n'est même pas tenu de clôturer ni d'apposer des panneaux interdisant l'accès. Il appartient au ramasseur de se renseigner sur l'identité du propriétaire et de lui demander l'autorisation de pénétrer sur sa parcelle pour y prélever des champignons.

Toutefois, dans les forêts publiques (forêts domaniales, communales ou des collectivités), les cueillettes à caractère familial sont le plus souvent tolérées, mais ce n'est pas un droit absolu. Les communes ou les préfectures peuvent prendre des mesures pour limiter ou interdire la cueillette. En revanche, une commune ne peut pas interdire l'accès et le ramassage de champignons sur des territoires domaniaux à des personnes ne résidant pas sur la commune. Cette mesure va à l'encontre des lois sur la liberté individuelle.

Important

Afin d'écarter les risques d'intoxication, il est surtout primordial de ne jamais mélanger pêle-mêle dans un panier des champignons comestibles dûment identifiés, destinés à être consommés, et des espèces douteuses. En effet, les champignons peuvent se briser et les fragments être plus difficiles à identifier.

Les méthodes de conservation

Bien qu'il soit préférable de consommer les champignons à l'état frais, il arrive, certaines années, qu'une espèce pousse en quantité. Plusieurs méthodes s'offrent à vous pour conserver une récolte abondante.

La dessiccation ou séchage

• Comment procéder

C'est le procédé qui préserve le mieux les qualités gustatives de la plupart des espèces. Il convient bien en particulier au faux-mousseron (et aux trompettes-des-morts), mais on peut faire sécher tous les champignons s'ils ne sont pas gorgés d'eau. Il faut éviter de les laver. Les espèces à chair mince ou les petits sujets peuvent être laissés entiers, mais les espèces charnues comme le cèpe ou la girolle doivent être découpés en lamelles de 2 à 3 mm d'épaisseur. On les étale ensuite sur un support ajouré qui laisse circuler l'air, comme des claies ou du grillage. On entrepose le tout dans un local sec et aéré, chaud si possible. En pratique, dans une maison, le meilleur endroit est le grenier. Certains enfilent les champignons sur un fil à l'aide d'une aiguille de façon à former une guirlande qui sera suspendue, mais il faut veiller à ce que les morceaux ne se touchent pas.

Au bout de plusieurs jours, les champignons émettent un craquement sec lorsqu'on les écrase avec les doigts. Ils sont alors secs et on peut les stocker dans des sacs en cellophane ou dans des bocaux hermétiques.

• La réhydratation

Pour les utiliser, il faut les faire tremper dans de l'eau pour qu'ils gonflent pendant un temps variable suivant qu'il s'agit de champignons charnus ou, au contraire, à chair mince. À noter que cette eau de trempage peut servir pour aromatiser d'autres plats ou servir à « mouiller » vos champignons en fin de cuisson.

• En condiment

Une fois secs, certains champignons au goût particulièrement prononcé, comme le faux-mousseron, peuvent être réduits en poudre et employés comme condiment pour parfumer vos sauces. Certains les mélangent aussi à des espèces au goût poivré, comme le bien nommé lactaire poivré.

La stérilisation en bocaux

Ce procédé peut s'appliquer à toutes les espèces, mais il est à éviter pour les espèces à chair molle et fragile, peu épaisse comme les faux-mousserons. Plusieurs techniques existent. La conserve au naturel est la plus simple et peut-être celle qui préservera le mieux l'arôme du champignon.

On fait d'abord rendre l'eau de végétation jusqu'à ce que les champignons en soient recouverts. On met ensuite en bocaux en y incorporant l'eau qu'ils ont rendue et on fait stériliser pendant 2 heures.

Une autre technique consiste à faire blanchir les champignons pendant quelques minutes dans de l'eau bouillante. On les place ensuite dans les bocaux qui seront remplis d'eau bouillante salée à raison de 15 grammes de sel par litre d'eau, additionnée d'un demi-verre de vinaigre par litre. On stérilise de la même façon.

La congélation

La congélation non seulement altère le goût des champignons, mais ramollit également leur chair. Il faut éviter de congeler les champignons crus surtout s'ils sont aqueux ou peu charnus, exception faite des cèpes qui, lorsqu'ils sont jeunes et fermes, peuvent être placés entiers et crus dans un sac de congélation dont on aura chassé l'air.

Pour les autres espèces, on leur fait rendre l'eau à feu assez vif dans une poêle dans laquelle on aura ajouté un petit peu d'eau ou une cuillère d'huile (afin d'éviter que les champignons n'attachent en début de cuisson). Après les avoir égouttés et laissés refroidir, on les met dans des boîtes destinées à aller au congélateur.

Au moment de leur utilisation, mettez à cuire dans de l'huile très chaude, sans faire dégeler et préparez-les comme des champignons frais.

La conservation à l'huile

Ce procédé ne permet de conserver les champignons que pendant quelques semaines. Il convient bien à des champignons charnus comme le cèpe ou la girolle.

Après avoir découpé les champignons en morceaux, faites-les blanchir 5 minutes dans un mélange composé d'un tiers de vinaigre de vin et de deux tiers d'eau. Égouttez-les et mettez-les en bocaux avec une gousse d'ail, quelques grains de poivre, une feuille de laurier et un brin de thym. Recouvrez d'huile d'olive et fermez hermétiquement. Conservez dans un endroit frais et à l'abri de la lumière.

• Champignons en condiments à l'huile

Préparer un bouillon composé d'un litre d'eau, un verre de vinaigre de vin, un brin de thym, une feuille de laurier, un clou de girofle, une gousse d'ail, une échalote, du sel et du poivre. Laissez bouillir 15 minutes. Jetez-y les champignons pendant une minute. Égouttez-les et laissez-les refroidir. Mettez en bocaux en intercalant épices et aromates : échalotes, ail, poivre en grains, laurier, thym... Recouvrez d'huile d'olive. Conservez dans un endroit frais et sombre pendant 2 semaines au moins avant de consommer.

Cuisiner les champignons

Après le plaisir de la cueillette vient celui de la cuisine. Il est souhaitable de consommer les champignons le plus rapidement possible après la cueillette. Cependant, vous pouvez conserver votre récolte pendant quelques jours au réfrigérateur, particulièrement les espèces charnues, comme les girolles et les cèpes. Les champignons peu charnus ou à chair fragile se conservent moins bien et doivent être consommés le jour même ou le lendemain.

Si les champignons sont souillés, on peut les débarrasser de leurs impuretés avant de les entreposer au froid, mais vous ne devrez en aucun cas les laver. Si elle est nécessaire, cette opération s'effectuera au dernier moment, avant de les cuisiner.

À l'inverse des légumes, les champignons doivent être placés à l'endroit le plus froid de votre réfrigérateur. Les professionnels les conservent à 1 ou 2 °C. Afin de leur conserver leur fraîcheur et d'éviter qu'ils ne se dessèchent, on peut les conserver dans une boîte en plastique alimentaire fermée avant de les placer au réfrigérateur. Mais ce procédé n'est applicable que sur des champignons refroidis auparavant, car ils risqueraient de transpirer et l'eau rendue se condenserait sur les parois du récipient.

La préparation de champignons

Avant de faire cuire vos champignons, inspectez encore une fois votre cueillette pour vous assurer que tous les spécimens sont bien identifiés. Bannissez tous les champignons qui vous semblent suspects. Vérifiez aussi que les champignons sont en bon état. Écartez les sujets gâtés, âgés ou véreux. Surtout n'oubliez pas que d'excellents champignons comestibles peuvent devenir toxiques s'ils sont altérés.

• Parties à consommer

Généralement, toutes les parties du champignon sont bonnes à consommer. Toutefois, on éliminera certaines parties :

– Les pieds fibreux (marasmes des Oréades, lépiotes...) ou coriaces (pleurotes).

– La « peau » sera ôtée pour les espèces visqueuses (nonnettes voilées...), car elle rendrait votre plat gluant, amer, voire laxatif.

– Les bolets et les pieds-de-mouton qui ne sont pas de toute première jeunesse doivent être débarrassés de leur partie fertile située sous le chapeau : les premiers parce que les tubes (ou « foin ») seront devenus trop mous et trop spongieux et formeraient, dans la poêle, une masse gluante peu appétissante (mais qui est parfois appréciée de certains) ; les

Quelques règles à respecter

– Ne pas blanchir les champignons. Cependant certains chefs cuisiniers les font saisir une minute dans l'eau bouillante, ce qui aurait le mérite de les rendre plus moelleux.
– Cuire à feu doux, en couvrant, pas très longtemps (de 10 à 20 minutes), si l'on veut conserver le goût du champignon. L'extérieur doit être doré et l'intérieur à peine cuit, excepté pour les espèces toxiques à l'état cru (comme les morilles) qui doivent être bien cuites.
– Avoir une main légère sur les herbes ou les aromates. L'ail, à dose modérée, et le persil suffisent bien souvent à relever un plat de champignons.
Tous les autres condiments, épices (poivre, cumin, curry...) ou herbes aromatiques, doivent être très discrets, ou réservés à des préparations particulières, car ils ont tendance à masquer l'arôme des champignons.
– Ne saler qu'en fin de cuisson, surtout pour les espèces à chair ferme ; le sel ajouté en début ou en cours de cuisson durcit les aliments.

seconds parce que les aiguillons se détacheraient de toute façon à la cuisson et rendraient en outre le plat un peu amer.

Il est inutile, en revanche, d'ôter les lamelles des champignons.

Si vous avez cueilli vos champignons proprement, vous n'aurez pas à les débarrasser des différents débris : feuilles, brindilles, mousse, terre... qui souillent immanquablement toute récolte effectuée avec trop de hâte. L'eau diluant les sucs des champignons, il faut éviter de laver ou même de peler les champignons chaque fois que c'est possible. Cèpes, pholiotes, russules, agarics peuvent être brossés ou nettoyés avec un linge humide. En revanche, marasmes et trompettes doivent souvent être lavés. Essayez d'effectuer cette opération rapidement sans laisser tremper les champignons de longs moments dans l'eau. Mieux vaut un plat avec une ou deux aiguilles de pin ou un brin de mousse, qu'un plat débarrassé de toute impureté... mais aussi d'une bonne partie de sa saveur. Égouttez ensuite soigneusement.

• Crus ou cuits ?

On peut consommer les champignons crus ou cuits. Les espèces qui peuvent

se consommer crues sont plus nombreuses que l'on ne croit : les agarics en général comme le champignon de Paris, la girolle, le marasme des Oréades, la lépiote élevée, la russule verdoyante, la fistuline hépatique, l'oronge, le coprin chevelu, la pholiote du peuplier, le cèpe de Bordeaux, le bolet bai, le lactaire sanguin, la pézize orangée... Néanmoins, la prudence s'impose : les champignons crus sont encore moins digestes que les champignons cuisinés. C'est pourquoi il est recommandé de les consommer à dose encore plus modérée.

D'autres espèces, excellentes, ne peuvent se manger qu'une fois cuites, car elles renferment des substances toxiques qui sont détruites par la chaleur : les morilles, l'amanite rougissante, le bolet à pied rouge, l'amanite engainée...

La cuisson

Chacun possède sa propre méthode, son petit secret. Les quelques conseils donnés ci-après ne sont que des principes généraux. Il appartient à chacun de les adapter à telle ou telle espèce ainsi qu'à ses propres goûts.

On peut réaliser des mélanges de divers champignons, surtout s'il s'agit d'espèces peu sapides et en évitant de mélanger des espèces de consistances différentes (cèpe de Bordeaux et coprins par exemple). Toutefois, dans ce cas, on peut commencer par faire cuire les espèces les plus fermes et ajouter ensuite les espèces plus molles. Certaines saveurs se combinent mal entre elles.

En revanche, il vaut mieux cuisiner seuls les champignons au goût fin (morilles, oronges...) ou au goût très particulier.

• La cuisson classique

La méthode classique consiste à les faire sauter à la poêle. Elle convient à tous les champignons, mais les lactaires et les russules semblent moins bien supporter ce traitement.

Tout d'abord, on coupe les champignons dans le sens de la longueur, en lamelles de 3 mm d'épaisseur environ. Les petits exemplaires sont soit laissés entiers (laccaires...), soit coupés en deux.

La première étape consiste à leur faire rendre l'eau qu'ils renferment (on dit aussi les « faire suer ») dans une poêle ou un récipient qui soit suffisamment large pour assurer une cuisson homogène et faciliter l'évaporation de l'eau. Cette étape s'effectue sans matière grasse si la poêle est antiadhésive, ou juste un peu de gras afin d'éviter que les champignons n'attachent au début. On peut aussi ajouter un demi-verre d'eau, s'ils ne sont pas trop gorgés d'humidité, en attendant qu'ils produisent leur propre eau.

Au bout de quelques minutes, les champignons auront dégorgé leur eau de végétation. Elle sera plus ou moins abondante selon l'espèce, l'état d'imbibition, etc. On peut attendre que l'eau s'évapore complètement d'elle-même ; on peut aussi enlever cette eau avec une cuillère au fur et à mesure. Elle pourra être ajoutée en fin de cuisson pour « mouiller » le plat ou bien réservée pour parfumer une autre préparation. Cette façon d'opérer est à proscrire pour les espèces contenant des substances toxiques détruites par la chaleur, telles que morilles, amanites rougissantes, bolets à pied rouge.

La seconde étape de la cuisson débute lorsque les champignons ont rendu toute leur eau. Ils sont mis à égoutter, puis on les fait sauter à feu vif dans un mélange de beurre et d'huile d'arachide. Certains utilisent des huiles plus fruitées : huile d'olive ou huile de noix, d'autres de la graisse d'oie, de canard, etc. Tout est affaire de goût. On réduit ensuite le feu et on couvre. On laisse cuire de 15 à 25 minutes environ. Il faut veiller à ne pas faire trop cuire les champignons, si l'on veut qu'ils gardent tout leur moelleux et leur parfum.

Ce mode de cuisson convient bien aux espèces charnues à chair ferme : cèpes, girolles, pieds-de-mouton, tricholomes... Les espèces à chair mince et fragile, comme les coprins et certaines amanites, doivent être saisies directement dans l'huile très chaude, car leur chair peu consistante ne supporterait pas l'épreuve de la « sudation ». On leur ajoute une noix de beurre au moment de servir. Il est possible également de les faire frire panés avec de la chapelure ou enrobés d'une pâte à beignets.

La cuisson au gril

La cuisson au gril est des plus simples et des plus rapides. Lactaires sanguins et délicieux, fistulines hépatiques, lépiotes, par exemple, seront avantageusement cuits de cette façon. Les chapeaux seront de préférence tournés lames vers le haut, avec une noix de beurre, pendant quelques minutes, puis grillés de l'autre côté.

Valeur alimentaire des champignons

Contrairement à une opinion très répandue, les champignons ne valent pas la viande du point de vue de leur apport en protéines. Il faudrait en consommer plusieurs kilos pour atteindre l'équivalent de 100 grammes de viande.

En revanche, ils sont riches en oligo-éléments (fer, zinc, cuivre, manganèse...) et en vitamines, notamment celles du groupe B, et apportent peu de calories : 100 grammes de champignons de Paris n'apportent que 15 kcal.

Enfin, il convient de ne pas oublier que les champignons ne sont pas des aliments de base ; ce sont des denrées assez peu digestes et certaines personnes ne supportent pas telle ou telle espèce pourtant jugée excellente. Ils sont donc à consommer avec modération.

Crêpes aux rosés-des-prés

4 pers. • Prép. : 20 min • Cuis. : 20 min

250 g de rosés-des-prés
1 échalote hachée
40 g de beurre
1 c. à s. de farine
1 verre de lait froid
10 cl de crème fraîche
8 crêpes
50 g de gruyère râpé
Sel, poivre

1. Nettoyez les rosés et émincez-les. Pelez et hachez l'échalote.

2. Dans une sauteuse, laissez fondre 30 g de beurre et faites-y revenir les champignons de 3 à 4 min. Ajoutez l'échalote et mélangez. Laissez cuire 1 min.

3. Saupoudrez de farine et mélangez. Laissez cuire pendant 2 min. Salez et poivrez. Ajoutez le lait froid d'un seul coup et mélangez jusqu'à ébullition. Hors du feu, ajoutez la moitié de la crème fraîche.

4. Avec le reste du beurre, graissez un plat à four. Répartissez la préparation aux champignons dans 8 crêpes. Roulez chacune d'elles et rangez-les au fur et à mesure dans le plat. Mélangez le reste de la crème fraîche et le gruyère. Nappez-en les crêpes.

5. Enfournez à 180 °C (th. 6) et laissez-le gratiner pendant 10 min. Servez immédiatement. Les crêpes peuvent également être préparées avec des pieds-de-mouton, des chanterelles et des trompettes-des-morts.

Pieds-bleus farcis

4 pers. • Prép. : 20 min • Cuis. : 30 min

8 à 12 chapeaux de pieds-bleus
250 g de viande de porc hachée
1 œuf
1 verre de mie de pain trempée dans du lait
1 c. à s. d'huile
Sel, poivre

1. Choisissez des chapeaux de champignons bien formés et de belle taille. Retirez les pieds sans briser les chapeaux.

2. Hachez les pieds et préparez une farce en les mélangeant avec la viande hachée. Ajoutez-y la mie de pain essorée ainsi que l'œuf entier. Mélangez, salez et poivrez.

3. Salez et poivrez légèrement le fond des chapeaux retournés et répartissez-y la farce. Huilez un plat à four et déposez les chapeaux farcis, côté farce sur le dessus.

4. Enfournez à 180 °C (th. 6) et laissez cuire de 25 à 30 min. Servez dans le plat de cuisson.

RISOTTO AUX CÈPES DE BORDEAUX

4 pers. • Prép. : 30 min • Cuis. : 50 min

4 ou 5 cèpes de Bordeaux
1 oignon
3 c. à s. d'huile
80 g de beurre
250 g de riz spécial risotto
1 verre de vin blanc sec
50 cl de bouillon de volaille
50 g de parmesan râpé
1 c. à s. de persil ciselé
Sel, poivre

1. Nettoyez les champignons : essuyez-les délicatement et coupez l'extrémité terreuse du pied. Sauf s'ils sont très sales, évitez de les rincer. Coupez pieds et chapeaux en morceaux moyens. Pelez l'oignon et hachez-le.

2. Laissez chauffer l'huile dans une poêle et jetez-y les champignons. Laissez-les rendre leur eau. Salez et poivrez.

3. Dans une cocotte, laissez fondre la moitié du beurre et faites-y blondir le hachis d'oignon. Ajoutez-y le riz et mélangez jusqu'à ce que les grains soient enrobés. Arrosez avec le vin blanc, mélangez et laissez le liquide s'évaporer.

4. Faites chauffer le bouillon de volaille. Versez-en la moitié, bouillante, dans le riz et mélangez. Poursuivez la cuisson pendant 10 min.

5. Ajoutez les champignons et le reste du bouillon chaud. Mélangez délicatement et couvrez. Poursuivez la cuisson pendant 10 min. En fin de cuisson, goûtez et rectifiez l'assaisonnement. Incorporez le reste du beurre en parcelles et le parmesan râpé.

Girolles poêlées

4 pers. • Prép. : 20 min • Cuis. : 15 min

600 g de girolles
1 échalote
40 g de beurre
2 c. à s. d'huile
1 c. à c. de jus de citron
1 c. à s. de persil ciselé
Sel, poivre

1. Nettoyez les girolles : essuyez-les avec un linge fin et coupez la partie terreuse du pied. Si les champignons sont très sales, lavez-les rapidement sous un filet d'eau froide, égouttez-les et épongez-les. Coupez en deux les plus gros. Pelez et hachez l'échalote.

2. Laissez chauffer la moitié du beurre et l'huile dans une grande poêle. Jetez-y les girolles et laissez-les rendre leur eau sur feu vif pendant 4 ou 5 min. Faites sauter plusieurs fois le contenu de la poêle. Ajoutez 1 c. à c. de jus de citron. Baissez la source de chaleur et poursuivez la cuisson de 7 à 8 min. Salez et poivrez.

3. Lorsque les girolles sont presque cuites, ajoutez le reste du beurre et le hachis d'échalote. Salez et poivrez. Laissez cuire 2 min environ, car l'échalote ne doit pas roussir. Servez sans attendre.

Crème de tricholomes prétentieux

4 pers. • Prép. : 20 min • Cuis. : 15 min

300 g de tricholomes prétentieux
Le jus d'un demi-citron
60 g de beurre
30 g de farine
25 cl de lait
75 cl de bouillon de volaille (déshydraté ou en tablettes)
4 ou 5 c. à s. de crème fraîche
Quelques pincées de cerfeuil ciselé
Sel, poivre

1. Nettoyez les champignons et passez-les crus au mixeur afin qu'ils conservent leur parfum.

2. Laissez chauffer 30 g de beurre dans une casserole et faites-y cuire de 5 à 6 min la purée de champignons arrosée du jus de citron. Salez et poivrez.

3. Pendant ce temps, préparez une béchamel avec le reste du beurre, la farine et le lait. Ajoutez cette sauce à la purée et laissez cuire encore quelques minutes.

4. Allongez la purée avec le bouillon de volaille et laissez mijoter pendant 10 min. À la fin de la cuisson, incorporez la crème et laissez-la réchauffer, sans bouillir. Goûtez et rectifiez l'assaisonnement.

5. Servez aussitôt, après avoir parsemé de quelques pincées de cerfeuil ciselé. Cette crème peut se préparer également avec des chapeaux de lépiotes, des lactaires sanguins, des russules verdoyantes.

Clavaires crépues à la crème

4 pers. • Prép. : 20 min • Cuis. : 20 min

500 g de clavaires crépues, jeunes
1 échalote
30 g de beurre
1 c. à s. d'huile
1 c. à s. de jus de citron
6 ou 7 c. à s. de crème fraîche
1 c. à s. de cerfeuil ciselé
Sel, poivre

1. Nettoyez les champignons. Pelez et hachez l'échalote.

2. Faites chauffer de l'eau non salée et, une fois qu'elle est à ébullition, plongez-y les clavaires crépues pour les faire blanchir de 8 à 10 min, afin de les attendrir. Égouttez-les, épongez-les et coupez-les en morceaux.

3. Laissez chauffer le beurre et l'huile et faites-y revenir les morceaux de champignons. Lorsqu'ils ont rendu leur eau, ajoutez-y le hachis d'échalote. Laissez cuire de 5 à 6 min, sans que l'échalote prenne couleur. Salez et poivrez. Arrosez de jus de citron.

4. Ajoutez la crème fraîche. Salez et poivrez. Laissez cuire de 4 à 5 min.

Les intoxications

Les intoxications par les champignons sont regroupées en différents syndromes, selon la toxine responsable et les symptômes. On distingue généralement deux grands groupes de syndromes d'après le délai d'apparition des symptômes après l'ingestion :

- les symptômes précoces, apparaissant avant 6 heures après la consommation ;
- les symptômes tardifs, survenant après 6 heures.

Les intoxications dont les symptômes apparaissent dans les 6 heures sont en général bénignes et impliquent le plus souvent des désordres gastro-intestinaux. Malheureusement, il n'est pas rare qu'un patient ait ingurgité plusieurs champignons différents et donc possiblement plusieurs toxines.

Ainsi des symptômes d'apparition rapide pourront faire croire transitoirement à une intoxication sans gravité, alors qu'une autre toxine va être responsable de symptômes différés.

1

Symptômes précoces (moins de 6 heures)

• Syndrome gastro-intestinal et syndrome résinoïde

Ce sont les syndromes les plus fréquents, impliquant un grand nombre de champignons et s'exprimant par des troubles digestifs isolés. La plupart des toxines ne sont pas connues. Parmi les espèces incriminées, on peut citer la clavaire dorée *(Ramaria aurea)* et l'agaric jaunissant *(Agaricus xanthoderma)*.

Les symptômes apparaissent entre 15 minutes et 2 heures après le repas et durent moins de 48 heures. Le début est brutal avec des vomissements et des diarrhées importants, des douleurs abdominales. Dans les formes sévères peuvent survenir des crampes musculaires et un collapsus (malaise, baisse de la tension artérielle, sueurs froides).

D'autres espèces, comme l'entolome livide *(Entoloma lividum)*, le clitocybe de l'olivier *(Omphalotus olearius)* (1), le tricholome tigré *(Tricholoma tigrinum)* ou le bolet Satan *(Boletus satanas)* (2), peuvent également être responsables d'un syndrome gastro-intestinal plus sévère, dont l'apparition peut survenir jusqu'à 8 heures après la consommation.

• Syndrome muscarinien ou sudorien

Le syndrome muscarinien est la conséquence de l'action de la muscarine, présente dans une quinzaine de clitocybes et une quarantaine d'inocybes.

Quant à l'amanite tue-mouches (3), dont le nom latin *(Amanita muscaria)* ferait référence à sa richesse en muscarine, elle en contient de trop faibles quantités pour provoquer un syndrome muscarinien.

Ce champignon n'en est pas moins très toxique (voir le syndrome suivant).

Les symptômes apparaissent dans les 15 minutes à 2 heures après l'ingestion. Ce sont les suivants :

- des troubles digestifs : nausées, vomissements, douleurs abdominales, diarrhées ;
- des hypersécrétions : sueurs, salivation, écoulement nasal, larmoiement ;
- des troubles cardio-vasculaires : ralentissement du rythme du cœur, baisse de la tension artérielle.

Ces symptômes disparaissent le plus souvent en quelques heures, mais en cas d'intoxication sévère, ils justifient un placement du malade en soins intensifs. La mort peut survenir chez des sujets connaissant des problèmes cardiaques.

• Syndrome panthérinien

Les toxines responsables se trouvent dans plusieurs amanites, comme l'amanite tue-mouches *(Amanita muscaria)*.

Ces champignons sont utilisés par des toxicomanes pour leurs propriétés hallucinogènes, mais ils peuvent être à l'origine d'intoxications graves.

L'amanite panthère (4) est plus dangereuse et, bien que non mortelle en principe, elle a déjà provoqué quelques décès.

Les symptômes apparaissent entre 30 minutes et 3 heures après l'ingestion. Ils se manifestent par :

- des troubles digestifs modérés : nausées, vomissements ;
- des troubles neurologiques : état d'ébriété, agitation, confusion, délire, hallucinations ;
- une tachycardie : accélération du rythme des battements du cœur.

Après cette phase d'excitation s'installe une longue phase de torpeur qui peut durer 2 jours.

2

3

4

• **Syndrome narcotinien ou psilocybien**

La psilocybine est la toxine responsable de ce syndrome la plus fréquente. Si l'on connaît des dizaines d'espèces de champignons hallucinogènes dans le monde, dans nos régions, il s'agit le plus souvent de psilocybes (photo ci-dessous), plus rarement de panéoles.

Les symptômes apparaissent dans les 30 minutes après l'ingestion des champignons (frais ou séchés), avec des troubles de l'humeur (euphorie ou anxiété), des vertiges, des hallucinations visuelles et auditives, une distorsion du temps et de l'espace ; ils peuvent être associés à d'autres perturbations telles que nausées, céphalées...

Les effets durent de 2 à 4 heures et tout redevient en général normal en l'espace de 12 à 48 heures.

Les ingestions massives peuvent se compliquer de convulsions, d'un infarctus, d'actes auto-agressifs, d'un coma, etc.

Symptômes tardifs (plus de 6 heures)

Les syndromes dont les symptômes apparaissent au-delà de 6 heures sont en général graves.

• **Syndrome phalloïdien**

C'est le cas le plus fréquent d'empoisonnement mortel et la mortalité est d'environ 15 %. Plusieurs toxines sont identifiées. Le foie constitue l'organe le plus touché.

Les espèces incriminées sont plusieurs espèces d'amanites, dont la plus célèbre, l'amanite phalloïde *(Amanita phalloides)*, de petites lépiotes et les galères dont la plus fréquente est la galère marginée *(Galerina marginata)*.

Les symptômes apparaissent entre 6 et 12 heures après l'absorption et se manifestent par une gêne respiratoire, des vertiges, suivis d'une très sérieuse gastroentérite (vomissements, diarrhées) avec une forte déshydratation. Après une période d'accalmie qui peut durer plusieurs jours, des symptômes plus graves se font sentir, traduisant une attaque du foie. La mort peut survenir de 24 heures à un mois après le début des symptômes.

• **Syndrome orellanien**

La toxine responsable, l'orellanine, est présente dans plusieurs espèces de cortinaires, comme le cortinaire couleur de rocou *(Cortinarius orellanus)* ou le cortinaire cannelle *(Cortinarius cinnamomeus)*.

Des troubles digestifs passagers peuvent survenir de 24 à 36 heures après l'ingestion, suivis d'une longue période de latence – qui peut aller jusqu'à 17 jours ! –, avant l'apparition des signes d'une insuffisance rénale, nécessitant l'assistance d'un rein artificiel.

• **Syndrome gyromitrien**

La toxine responsable est la gyromitrine

renfermée dans la gyromitre *(Gyromitra esculenta)*. Les symptômes peuvent être très variables, mais se traduisent, dans un délai de 6 à 24 heures après l'ingestion, par des troubles digestifs (nausées, vomissements, douleurs abdominales, diarrhées). Ils sont suivis après 2 à 3 jours d'une atteinte hépatique (cytolyse) modérée. Cette atteinte peut être accompagnée d'une hémolyse et d'une insuffisance rénale, et en cas d'intoxication sévère, d'agitation, de convulsions et d'un coma. Les facteurs aggravants sont l'ingestion d'une grande quantité de champignons et la répétition des repas à quelques jours d'intervalle. À noter que cette toxine est détruite à 99 % par la cuisson ou le séchage au soleil.

Rhabdomyolyse

C'est une destruction du tissu musculaire, provoquée par une toxine non encore identifiée. Ce syndrome est provoqué par le tricholome équestre *(Tricholoma equestre)* et le tricholome doré *(Tricholoma auratum)* qui, lorsqu'ils sont consommés en quantité excessive, provoquent, de 1 à 3 jours après l'ingestion, une fatigue générale, des douleurs et des raideurs musculaires. Une atteinte des muscles respiratoires et cardiaques peut survenir dans les cas extrêmes, réduisant à néant les chances de survie.

Autres syndromes

Bien d'autres syndromes ont été décrits, certains très récemment, au vu des progrès de la médecine.

Des symptômes autrefois énigmatiques sont aujourd'hui mieux identifiés. Nul doute que d'autres syndromes seront répertoriés à l'avenir.

Certaines réactions anormales, ou des allergies, parfois importantes, sont le fait de champignons cultivés pour l'alimentation comme le shiitake ou le « champignon noir » et les espèces voisines (oreille-de-Judas). Ces manifestations peuvent être aggravées par une consommation excessive, une cuisson insuffisante...

Que faire en cas d'empoisonnement ?

- Dans tous les cas, prévenez immédiatement un médecin, les urgences (le numéro 15) ou téléphonez à l'un des centres antipoison, qui vous indiquera les directives à suivre.
- Ne tentez pas de vous faire vomir.
- Pensez à recueillir, si possible, des exemplaires de champignons, des épluchures ou des restes du plat. Le médecin pourra faire appel à un mycologue qui déterminera l'espèce et donc le type d'empoisonnement ; ce qui permettra de mettre rapidement en œuvre le traitement approprié.

Quelques recommandations

Rappelez-vous que les champignons sont des aliments indigestes et doivent être consommés avec modération, surtout s'ils sont crus.

Comme pour tous les aliments, il peut y avoir intoxication par des champignons avariés, ou qui ont séjourné trop longtemps dans des sacs en plastique ou encore par des champignons trop âgés. Éliminez tout champignon qui sent mauvais.

Il vaut mieux s'abstenir de consommer des champignons poussant dans des lieux pollués : ils peuvent être toxiques.

Tableaux des confusions

	Agaric anisé	Lépiote pudique	Amanite phalloïde, A. vireuse, A. printanière
Chapeau	blanc, jaunissant	blanc ou crème	blanc ou légèrement teinté, mais le plus souvent verdâtre chez l'amanite phalloïde
Lames	blanchâtres, puis roses et enfin brunes	blanches puis roses	restant toujours blanches
Pied	blanc, jaunissant au toucher	blanc, jaunissant au toucher	blanc
Anneau	très ample, non coulissant	petit et coulissant	blanc, toujours présent, non coulissant
Bulbe ou volve	bulbe arrondi ; pas de volve	bulbe lisse, pas de volve	volve ample
Odeur	anisée	faible	faible
Habitat	sous feuillus ou conifères	Prés, bordures de chemin	forêts

	Agaric champêtre	Agaric des jachères	Agaric jaunissant
Chapeau	bombé, non jaunissant	bombé, jaunissant au toucher	aplati au centre, jaunissant au toucher
Lames	rose vif puis brun foncé	blanches, puis roses, puis brun foncé	blanches, puis roses, puis brun foncé
Pied	court, trapu, non jaunissant	jaunissant au toucher ; non bulbeux	long, jaunissant au toucher ; bulbeux
Anneau	simple, plutôt étroit	double et ample	simple et ample
Chair	faiblement rosissante	jaunissante (jaune citrin)	jaunissant intensément
Odeur	agréable	agréable, anisée	désagréable
Habitat	prés	prés	prés, lisières

Comestible — Comestible/toxique — Non comestible/non toxique — Toxique — Mortel

	Amanite rougissante ⚠	Amanite panthère ⚠
Chapeau	brun, ou un peu rosé ou vineux, à plaques grises ; marge lisse	brun-gris, à plaques blanches ; marges striées
Lames	blanches, parfois piquées de rouge	blanches
Pied	blanc, rougissant	blanc pur
Anneau	blanc et strié, toujours présent	blanc, strié, fugace
Bulbe	teinté par endroits de rouge, sans bourrelet	blanc, surmonté de 1 ou 2 bourrelets
Chair	blanche, rougissante	blanche, non rougissante

	Bolet à pied rouge ⚠	Bolet Satan ⚠
Chapeau	foncé, fauve à brun, velouté	pâle, gris-beige
Pores	rouges	jaunes puis rouges
Pied	enflé, jaune mais très densément couvert de ponctuations rouges ; sans réseau	obèse, jaune au sommet, rouge à fin réseau rouge
Chair	bleuissement intense à la coupe	bleuissement plus ou moins intense
Habitat	forêts de feuillus ou de conifères ; sol acide	forêts de feuillus ; sol calcaire

	Cèpe de Bordeaux	Cèpe d'été	Bolet de fiel
Chapeau	beige à brun, plus clair sur le bord, velouté	ocre ou roux, non décoloré sur la bordure	brunâtre uniforme
Pores	fins, blancs, jaune soufre puis brun olive	fins, blancs, jaunes puis brun olive	amples, blancs puis rosâtres
Pied	épais et renflé, clair, portant un fin réseau blanc au sommet	ocre ou brun-orangé à réseau saillant blanc à brun	renflé, ocre à réseau brun très saillant à mailles très larges
Saveur	douce	douce	très amère

Comestible · Comestible/toxique · Non comestible/non toxique · Toxique · Mortel

	Clitopile petite prune	Clitocybe des feuilles	Entolome livide
Chapeau	blanc mat à grisâtre pâle, pruineux	blanc à roux, givré	blanc grisâtre, fibrilleux
Lames	décurrentes, blanches puis roses	peu décurrentes, blanchâtres	jaune de beurre puis roses
Pied	blanc, souvent courbé	blanc	blanc, robuste souvent en massue
Odeur	très forte de farine	faible	de farine

	Entolome en bouclier	Tricholome de la Saint-Georges	Entolome livide	Inocybe de Patouillard
Chapeau	mamelonné, gris-brun	convexe, épais, blanc crème, velouté	bossu, blanc grisâtre	blanc crème rougissant, fibrilleux
Lames	blanches puis roses	blanches à crème, très serrées et très étroites	jaunes puis roses	blanches puis brun rouille
Pied	assez mince, blanc brunissant	robuste et blanc	robuste, blanc	blanc rougissant
Odeur	de farine	de farine	de farine	fruitée
Habitat	haies, buissons, vergers	sous arbustes, des Rosacées (haies, prairies)	bois clairs de feuillus	parcs, bois clairs

Comestible · Comestible/toxique · Non comestible/non toxique · Toxique · Mortel

	Girolle	Clitocybe de l'olivier ⚠
Chapeau	jaune vif	orangé, cuivré ou brun-rouge
Plis (ou lamelles)	espacées	serrées
Pied	court et peu fibreux	long et très fibreux
Chair	épaisse, non coriace, blanche	mince, jaune
Odeur	très fruitée (abricot)	désagréable
Habitat	isolé, jamais en touffes ni sur des souches ou des racines	en touffes, sur le sol, sur des souches ou des racines

	Hygrophore blanc de neige	Clitocybes blancs des prés ⚠
Chapeau	blanc	blanc à roux
Lames	blanches, espacées, décurrentes	blanches serrées, peu décurrentes
Pied	blanc, spongieux	blanc, charnu, fibreux
Odeur	herbacée	de farine

	Laccaire améthyste	Laccaire laqué	Mycène pure ⚠	Inocybe à lames couleur de terre ⚠
Chapeau	violet vif, puis pâlissant, finement granuleux, ombiliqué	rosé, ombiliqué	rosé ou lilas, mamelonné, lisse	lilas à mamelon ocre, mamelonné ou pointu
Lames	violettes, très espacées	roses, très espacées	blanches ou rosées	serrées, grises puis brunes
Pied	fibreux, tenace, violet	plein, tenace, rose	fragile, rose ou violet	long, grêle, lilas
Odeur	légèrement fruitée	légèrement fruitée	de radis	désagréable

Comestible — Comestible/toxique — Non comestible/non toxique — Toxique — Mortel

	Lépiote pudique	Agaric jaunissant	Amanites blanches *(Amanita phalloides, A. verna, A. virosa)*
Chapeau	blanc, immuable au toucher	blanc, jaunissant fortement au toucher	blanc
Lames	blanches ou un peu rosées	blanches puis brunes	blanches
Pied	blanc, jaune au toucher, renflé à la base	blanc, jaune au toucher, pourvu d'un bulbe bien marqué	blanc, immuable volve ample, bien marqué
Anneau	assez net mais mince	ample	net, parfois peu marqué
Chair	blanche, faiblement jaunissante	blanche, nettement jaunissante	blanche, immuable
Habitat	prés	prés, taillis	forêts

	Pholiote changeante	Galère marginée	Hypholome en touffes
Chapeau	petit, assez épais, jaune à brun cannelle	petit, peu épais, jaune à brun fauve	petit, jaune
Lames	jaunes puis rouille	crème puis brunâtres	jaune-vert puis brunes
Pied	fin avec un petit anneau, couvert de petites mèches	fin, fibrilleux, avec un petit anneau	fin et lisse, quelques restes de cortine
Odeur	fruitée, agréable	de farine	désagréable (iode)
Saveur	douce	farineuse	très amère
Habitat	sur feuillus ou conifères	sur conifères	sur feuillus et conifères

Comestible · Comestible/toxique · Non comestible/non toxique · Toxique · Mortel

	Russules charbonnière verdoyante, hétérophylle	Amanite phalloïde
Chapeau	de couleur variable, non fibrilleux	vert olive parfois brunâtre ou blanc, fibrilleux
Lames	blanches	blanches
Pied	court, trapu, blanc uni	élancé, fibreux, blanc ou tigré
Anneau	pas d'anneau	ample
Volve	pas de volve	en forme de sac, ample
Chair	cassante	molle à fibreuse
Habitat	feuillus ou conifères	bois de feuillus ou mixtes, parfois de résineux

	Tricholome prétentieux	Amanite phalloïde	Tricholome tigré
Chapeau	gris à reflets jaunes, lisse et fibrilleux	vert olive, parfois brunâtre ou blanc, lisse et fibrilleux	couvert de mèches gris-brun ou noires
Lames	blanches ou un peu jaunes	blanches	blanchâtres
Pied	robuste, blanc ou un peu jaunâtre, lisse	élancé, fibreux, blanc ou tigré	très robuste, blanc, un peu pelucheux
Anneau	pas d'anneau	ample	pas d'anneau
Volve	pas de volve	en forme de sac, ample	pas de volve
Chair	ferme, cassante	molle à fibreuse	ferme ; odeur de farine
Habitat	bois de conifères, parfois de feuillus	bois de feuillus ou mixtes, parfois de résineux	bois de conifères et de feuillus

Comestible — Comestible/toxique — Non comestible/non toxique — Toxique — Mortel

	Tricholome terreux	Tricholome prétentieux	Tricholome tigré ⚠	Tricholome de Josserand ⚠
Chapeau	fibrilleux, feutré laineux, gris	fibrilleux, gris jaunâtre	écailleux ou méchuleux, gris	lisse et gras au toucher, souvent ridé
Lames	blanches puis grises	blanches ou un peu jaunâtres	blanchâtres à grisâtres	blanches, sans reflet jaune
Pied	plutôt grêle, blanc à grisâtre	robuste, blanc ou un peu jaunâtre	gros, blanc	blanc
Odeur	nulle	de farine fraîche	de farine	désagréable de farine rance
Habitat	sous les pins	sous les conifères ou les feuillus	sous les feuillus ou les conifères	sous les pins surtout, mais aussi les feuillus

	Volvaire visqueuse	Amanite phalloïde ☠
Chapeau	blanchâtre à gris-brun, visqueux	vert olive, parfois brunâtre ou blanc, fibrilleux
Lames	blanches puis roses	blanches, immuables
Pied	blanc lisse	élancé, fibreux, blanc ou tigré
Anneau	pas d'anneau	bien visible
Volve	volumineuse	en forme de sac, ample
Habitat	lieux aérés, riches en matières organiques	bois de feuillus ou mixtes, parfois de résineux

Comestible · Comestible/toxique · Non comestible/non toxique · Toxique · Mortel

Les espèces

Agaric anisé

↕ 7 14 cm ⤢ 5 12 cm

Agaricus silvicola

Syn. fr. : agaric silvicole, agaric des bois

Description

Le chapeau est peu charnu, d'abord globuleux, puis convexe et étalé à la fin. D'abord blanc immaculé et soyeux, il est jaunissant puis roussissant à la fin. Au toucher, il se tache de jaune citron. Les **lames** sont serrées et ventrues, libres, longtemps gris pâle, avant de prendre des tonalités rosâtres et finalement brun foncé. Élancé et flexueux, le **pied** est blanc et lisse comme le chapeau, se tachant de jaune comme lui au toucher et avec l'âge ; il porte un bulbe arrondi à la base et un anneau très ample, membraneux et pendant, blanc aussi, floconneux ou un peu crénelé en dessous, persistant jusqu'à la fin. La **chair** est peu épaisse, d'abord tendre puis molle dans le chapeau et fibreuse dans le pied. Blanche, elle devient jaunissante dans le pied. De saveur douce, elle exhale un parfum anisé caractéristique.

Habitat/saison

Vous le trouverez aussi bien dans les forêts de feuillus que dans celles de conifères, où il se montre assez commun, souvent en groupes de plusieurs sujets, à partir d'août jusqu'à la fin de l'automne.

Comestibilité

C'est un excellent comestible au très fort parfum d'anis, lorsqu'il est jeune. Par la suite, il est moins savoureux et il faut rejeter le pied.

Confusions

L'**agaric jaunissant** *(Agaricus xanthoderma)* (photo p. 40) jaunit davantage au toucher et libère une odeur piquante désagréable.
Les **amanites blanches mortelles** *(Amanita verna* et *A. virosa)* ainsi que les formes blanches de l'**amanite phalloïde** *(A. phalloides)* (photo p. 140) ; celles-ci ne sentent jamais l'anis.

AGARIC AUGUSTE

10–20 cm (hauteur) — 10–20 cm (diamètre)

Agaricus augustus

Syn. fr. : agaric majestueux

Confusion

Toute confusion avec une autre espèce est peu probable, l'**agaric auguste** est bien typé par sa grande taille, ses écailles rousses et sa forte odeur d'amandes amères.

DESCRIPTION

Le **chapeau** épais, d'abord semi-globuleux (photo) puis convexe, est revêtu de squames – ou écailles – ocre brun ou rousses, plus ou moins disposées en cercles concentriques sur un fond crème. Le centre, presque lisse, est plus foncé et de teinte roussâtre uniforme.

Les **lamelles** sont très serrées, d'un gris rose pâle, qui se colore par la suite de brun chocolat sombre, mais l'arête reste blanchâtre.

Le **pied** est plus épais à la base ; lisse et blanc au-dessus de l'anneau, floconneux sous cette limite, puis il se couvre des mêmes écailles que le chapeau, mais plus espacées. Il finit par roussir à la base. Il est ceinturé d'un anneau blanc et ample, souvent plissé et portant en dessous des flocons blancs ou roussâtres.

La **chair** blanche rosit dans le bas du pied lorsqu'on la coupe, tandis qu'elle tend à jaunir dans le chapeau. Elle est caractérisée par une forte odeur d'amandes amères.

HABITAT/SAISON

Il est présent dans les prés au voisinage des arbres (feuillus ou conifères), sur des sols riches, les composts de jardin, les parcs ; on le trouve souvent sous de vieux sapins ou de vieux épicéas, en fin d'été et en automne.

COMESTIBILITÉ

L'agaric auguste est l'un des meilleurs agarics. Évitez de le consommer en grande quantité et ne le cueillez pas en milieu pollué, tel qu'une décharge. En effet, comme d'autres agarics, l'agaric auguste est un champignon qui accumule les métaux lourds et, en particulier, le cadmium.

AGARIC BISPORE

↕ 5 – 10 cm ⤢ 5 – 12 cm

Agaricus bisporus

Syn. fr. : champignon de Paris, champignon de couche

DESCRIPTION

Le **chapeau** d'abord hémisphérique, à centre plat, devient déprimé avec l'âge, avec la bordure ondulée ; la surface est lisse et fibrilleuse, ou un peu gercée en écailles, surtout sur la marge, blanc pur, brunissant légèrement au toucher. Les **lames,** serrées et étroites, sont rose pâle, puis brunes et enfin noires. Le **pied** court (de 4 à 7 cm seulement), à base plus épaisse ou au contraire amincie, blanc, se tache de brun au toucher ; l'anneau ascendant (non pendant) est peu marqué et fugace, strié sur la face supérieure. La **chair** est ferme et blanche, rosissant à l'air, surtout dans la base du pied, brunissant avec l'âge ; l'odeur est agréable et la saveur douce.

HABITAT/SAISON

On le trouve dans les prés et les jardins fumés, les parcs, le vieux compost, du printemps à l'automne. Peu commun dans la nature, il est plus fréquent sous les cyprès de la façade atlantique.

COMESTIBILITÉ

L'agaric bispore est l'espèce sauvage qui a donné naissance au champignon de Paris, qui est cultivé en France depuis plus de 300 ans. De nos jours, il est cultivé dans le monde entier.

L'agaric bispore est un excellent comestible, que l'on peut consommer cru.

Agaric champêtre

↕ 4 – 10 cm ⤢ 4 – 10 cm

Agaricus campestris

Syn. fr. : rosé-des-prés

Confusion

L'**agaric jaunissant** *(Agaricus xanthoderma)*, légèrement toxique, a un pied bulbeux, un anneau ample et une chair jaunissante, et non rougissante ; il émet une odeur piquante et désagréable très différente de celle de l'agaric champêtre.

Description

Le **chapeau** est assez épais, d'abord globuleux ou hémisphérique, puis convexe, mais avec un sommet toujours aplati, étalé à la fin ; la marge reste longtemps enroulée et elle est ornée des restes du voile sous forme de courts lambeaux de membrane pendants au bord du chapeau. La surface est généralement blanche, lisse, soyeuse et brillante ; cependant, certaines formes peuvent être un peu méchuleuses et teintées de brunâtre, de gris ou d'ocre. Les **lamelles** sont très serrées, ventrues et libres, d'une coloration rose tendre très typique au début, s'intensifiant jusqu'au rose vif (elles ont donné à cette espèce son appellation populaire). À la fin, elles sont brun pourpre ou noirâtres. Le **pied** court et trapu n'est jamais plus long que le diamètre du chapeau. Il est plein, cylindrique et un peu aminci à la base ou encore en fuseau. Blanc comme le chapeau, il est parcouru de fines fibrilles longitudinales blanches ; il est orné d'un anneau fragile et fugace, qui a tendance à disparaître. Il ne subsiste alors qu'une trace entourant le pied. La **chair** épaisse, ferme et blanche, rougit très faiblement à la cassure. Elle dégage une odeur agréable de champignon, avec une saveur douce de noisette.

On a décrit plusieurs variétés dont la légitimité n'est pas toujours reconnue.

Habitat/saison

Le rosé-des-prés pousse, comme son nom l'indique, dans les prés, principalement dans des prairies pâturées ou des prés bien fumés. Rarement solitaire, il y forme souvent des cercles.

Il apparaît le plus souvent à partir de la fin de l'été, après une période de fortes chaleurs, avec la venue des premières grosses rosées, jusqu'à la fin d'octobre, et ces poussées peuvent être massives. Celles du printemps, ou même de l'été, sont plus discrètes, ne surviennent plus rarement, et seulement si les températures ne sont pas trop élevées.

Comestibilité

L'agaric des prés porte des noms différents selon les régions : pratelle, pradelet...

D'une qualité supérieure à celle du champignon de Paris, l'agaric champêtre offre une saveur fine pourvu qu'on le consomme jeune, lorsque les lamelles sont encore roses. Par la suite, il devient moins appétissant et il perd en délicatesse de goût. Pour la même raison, il faut le consommer le jour même de la cueillette, ou au plus tard le lendemain si vous le conservez au réfrigérateur.

Il est très récolté dans les campagnes. Il est délicieux cru, mêlé à une salade composée, mais vous pouvez tout aussi bien le faire cuire.

Contrairement à une opinion très répandue, le rosé-des-prés n'est pas à l'origine de notre champignon de Paris (ou champignon de couche). Cet honneur revient à une espèce proche mais beaucoup plus rare, nommée *Agaricus bisporus,* qui pousse essentiellement sous les plantations de cyprès de la côte atlantique, mais également sous les épicéas.

Agaric des forêts

7–13 cm | 5–12 cm

Agaricus silvaticus

Description

Le **chapeau** est conique puis aplani, peu épais, parsemé d'écailles brun-rouge, plus ou moins nombreuses et plus ou moins espacées, sur un fond crème. Les **lames** rose chair, deviennent brun pourpre foncé à maturité. Le **pied** blanc, roussissant avec l'âge, devient creux et porte à la base un bulbe assez bien marqué ; l'anneau membraneux est ample et blanc. La **chair** blanche rougit nettement et rapidement à la coupe, particulièrement sur les sujets jeunes ; il a une odeur agréable de champignon et une saveur douce.

Habitat/saison

On le trouve sur les litières d'aiguilles de conifères, surtout d'épicéas ; il est plus rare dans les bois de feuillus. Il est assez commun, en fin d'été et en automne.

Comestibilité

L'agaric des forêts est un bon comestible.

Agaric des jachères

↕ 10 – 18 cm ⤢ 10 – 15 cm

Agaricus arvensis

Syn. fr. : boule-de-neige

Description

Le **chapeau** est épais, ferme, hémisphérique, puis plus aplani, mais la marge reste longtemps très enroulée ; la surface lisse, satinée et blanche se gerce et se teinte d'ocre, jaunissant légèrement au toucher. Les **lames** sont très serrées, gris rosé très pâle au tout début, puis brun pourpre et enfin noirâtres. Le **pied** épais, légèrement épaissi vers la base, devient creux avec l'âge, blanc, jaunissant au toucher, un peu floconneux chez le jeune en dessous de l'anneau ; l'anneau est membraneux, blanc et qualifié de double, l'inférieur en forme de roue dentée ou en étoile, surtout visible chez le jeune. La **chair** est épaisse au centre, blanche, jaunissant légèrement, surtout dans le pied ; elle possède une odeur d'anis assez forte et une saveur douce.

Habitat/saison

On le trouve dans les prairies pâturées, les clairières herbeuses, les lisières de bois, les parcs, de la fin de l'été à la mi-automne, parfois dès le printemps. Il est de peu fréquent à assez fréquent.

Comestibilité

L'agaric des jachères est un très bon comestible, même à l'état cru ; on le consomme de préférence jeune, lorsque les lames sont encore de couleur pâle. Comme leur chapeau est assez gros, on peut les farcir et les cuire au four comme les gros champignons de Paris.

Confusions

L'**amanite phalloïde** *(Amanita phalloides)* (photo p. 140) et les autres amanites blanches ont des lames qui restent toujours blanches et portent une volve à la base du pied.
L'**agaric jaunissant** *(Agaricus xanthoderma)* (photo p. 40) dégage une odeur désagréable.

Agaric macrospore

7–18 cm | 8–20 cm

***Agaricus urinascens* (*A. macrosporus*)**

Syn. fr. : agaric à grandes spores, boule-de-neige

Description

Le **chapeau** est très charnu, au début hémisphérique, pouvant atteindre 30 cm de diamètre, blanc, peu jaunissant, se tachant d'ocre avec l'âge, soyeux ou légèrement écailleux. Les lames sont blanc rosé, grisonnantes, puis brun chocolat. Le **pied** très trapu, de 3 à 5 cm de diamètre, est un peu renflé au milieu ou vers la base, blanc puis taché d'ocre et de brun, très pelucheux dans sa partie située sous l'anneau, surtout chez les jeunes ; l'anneau est irrégulier et pelucheux, floconneux en dessous chez les jeunes. La **chair** épaisse est blanche, peu jaunissante, brunissante dans la base du pied ; l'odeur faiblement anisée devient désagréable (ammoniac) chez les sujets âgés.

Habitat/saison

Solitaire ou poussant en groupes, parfois en cercles, cet agaric est spectaculaire par la grosse taille qu'il peut prendre dans les pâturages, les pelouses, les parcs, loin de tout arbre, sur des sols non acides ou calcaires. D'assez fréquent à assez rare suivant les régions, ce champignon semble plus fréquent dans les prairies situées non loin de la mer. Il apparaît en été et en début d'automne.

Comestibilité

Le plus gros des agarics est un assez bon comestible, qui n'a cependant pas la valeur de l'agaric champêtre. À consommer très jeune, car son odeur devient plutôt désagréable par la suite.

Amanite des césars

↕ 10 18 cm ⤢ 8 18 cm

Amanita caesarea

Syn. fr. : oronge

Description

Le **chapeau** est remarquablement régulier et semi-globuleux (comme une orange coupée en deux) ; étalé à la fin, il mesure alors jusqu'à 20 cm de diamètre ; épais et d'une couleur orange très vif et luisante, il pâlit avec l'âge ; la cuticule est généralement nue et lisse, mais porte parfois une ou deux plaques blanches qui sont les restes du voile ; la marge est finement striée. Les **lamelles** sont libres, serrées et épaisses, d'une belle couleur jaune d'or. Le **pied** est robuste, mesurant jusqu'à 15 x 3 cm de diamètre, épaissi à la base, jaune clair ou jaune doré, ceinturé d'un anneau très large, pendant, strié et également jaune ; il est chaussé d'une volve blanche très ample, non plaquée contre le pied. La

chair est ferme, épaisse et blanche, mais jaune-orangé à la périphérie ; l'odeur et la saveur sont faibles.

Habitat/saison

L'amanite des Césars est à rechercher dans les bois clairs de chênes ou de châtaigniers, sur des sols bien drainés et siliceux. Il peut arriver de la trouver sous d'autres arbres comme le hêtre, les taillis de noisetiers et même les pins. C'est un champignon très localisé, relativement fréquent dans le Midi (Languedoc-Roussillon, parties basses des Alpes du Sud...). Bien qu'il soit thermophile, il n'est pas rare de le trouver vers le nord certaines années, comme dans les forêts de la région parisienne, l'est de la France et même jusqu'en Belgique.

Supportant une certaine sécheresse du sol, l'oronge surgit irrégulièrement pendant les étés chauds, dès le mois de juillet, mais le plus souvent en fin d'été et en début d'automne, jusqu'en octobre dans le Midi.

Comestibilité

L'amanite des Césars est un champignon réputé. Son nom d'amanite des Césars révèle que c'était un mets de choix dans la Rome antique. De nos jours, elle reste très appréciée en Italie.

Sa chair fragile qui s'émiette facilement nécessite qu'elle soit récoltée et transportée avec soin.

Elle doit être consommée dans les 24 heures, car sa chair se putréfie assez rapidement.

On la cuisinera de préférence seule, afin de mieux apprécier son goût très fin. Les préparations simples lui conviennent le mieux. Coupée crue en tranches et assaisonnée d'un filet d'huile d'olive, de jus de citron et de sel, elle constitue une salade exquise.

Elle est excellente également cuite au gril et se prête à toutes les préparations.

Confusion

La principale, et peut-être bien la seule, confusion dangereuse que l'on peut commettre provient de l'**amanite tue-mouches** *(Amanita muscaria)*, appelée encore pour cela fausse-oronge, bien que la confusion entre les deux amanites semble grossière ; une telle méprise est d'ailleurs rare. En effet, l'amanite tue-mouches est facilement identifiable par son chapeau rouge vif parsemé de pustules blanches ; cependant, sous l'action de la pluie, ces pustules blanches peuvent disparaître et la couleur rouge peut se délaver en orangé, surtout avec l'âge. En outre, il existe certaines formes, assez rares, de l'amanite tue-mouches qui ont un chapeau orangé avec peu ou pas de verrues. Dans les deux cas, la distinction se fera aisément en retournant le champignon : chez l'amanite tue-mouches, toutes les parties situées sous le chapeau sont blanches, tandis qu'elles sont jaune doré chez l'oronge. De plus, cette dernière porte une volve qui est bien visible même sans déterrer le champignon.

amanite engainée

10
18 cm

4
10 cm

Amanita vaginata

Syn. fr. : grisette, coucoumelle

Description

D'abord conique, le **chapeau** s'aplanit mais reste plus ou moins mamelonné ; la marge est profondément et longuement striée. Il est gris à brun, mat, lisse, ne portant pas généralement de plaques blanches. Les **lames** sont serrées, larges et blanches. Le **pied** est mince et long (jusqu'à 20 cm), devenant creux, s'élargissant légèrement de haut en bas où il atteint 1 cm de diamètre ; gris clair, nu ou légèrement floconneux, sans anneau, mais à volve blanche et étroite entourant la base du pied sur 3 à 5 cm de haut. La **chair** est très mince sur la marge du chapeau ; l'odeur est nulle et la saveur douce.

Habitat/saison

On la rencontre dans les forêts de feuillus, plus rarement de conifères. Elle peut être assez précoce, et on peut ainsi la trouver dès les premières pluies de l'été jusqu'à la fin de l'automne.

L'amanite engainée est l'espèce type d'un groupe de champignons qui renferme plusieurs formes ou variétés qui diffèrent surtout par la couleur du chapeau.

Comestibilité

Ce champignon est toxique cru, mais comestible cuit, avec une chair mince et fragile.

Quoi qu'il en soit, faites toujours bien cuire les amanites avant de les consommer.

amanite ovoïde

15–25 cm ↕ 12–25 cm ⌀

Amanita ovoidea

Confusion

L'**amanite très proche** ou **amanite à volve rousse** *(Amanita proxima)*, toxique, pousse dans les mêmes lieux. On la reconnaît à sa volve ocre à roux orangé.

Description

Le **chapeau** est très charnu, épais, longtemps ovoïde, lisse, parfois avec quelques plaques éparses, à marge floconneuse, blanc ivoire. Les **lames** blanchâtres sont floconneuses sur l'arête. Le **pied** est épais (jusqu'à 5 cm de large), blanc et floconneux ; l'anneau très floconneux se désagrège ; la volve, large et ample, remonte haut sur le pied ; elle est épaisse et ocre. La **chair,** blanche et épaisse, dégage une odeur particulière, douceâtre et agréable chez les jeunes, qui devient désagréable par la suite.

Habitat/saison

Cette amanite pousse sous les feuillus, surtout les chênes, plus rarement sous les conifères, surtout les pins, dans les forêts claires, sur sol calcaire et sableux, en stations chaudes et ensoleillées. Assez fréquente en région méditerranéenne, rare ailleurs, elle apparaît en été et en automne.

Comestibilité

Comestible médiocre, qui doit être consommée jeune, avant qu'elle ne devienne nauséabonde.

amanite rougissante

↕ 8 – 18 cm ⤢ 8 – 15 cm

Amanita rubescens

Syn. fr. : amanite vineuse

Description

Le **chapeau** hémisphérique, convexe puis aplani, est teinté d'une couleur assez variable : le plus souvent brun pâle, parfois presque blanchâtre, surtout chez les jeunes, ou encore brun-rouge ou ocre et recouvert de pustules ou de verrues grisâtres ou blanc sale, parfois très serrées sur l'ensemble ou une partie seulement du chapeau, souvent soudées en plaques, parfois très espacées, voire quasiment absentes ; souvent marqué par endroits de taches, comme des taches de vin, caractéristiques, en particulier au niveau des blessures. Les **lamelles** sont blanches, serrées et libres, piquées de rouge sur les blessures. Le **pied** est robuste, épais de haut en bas, blanc ou rosé, rougeâtre sur les blessures ; l'anneau ample, strié, blanc, bordé de brun en bas ; le bulbe peu développé mais toujours présent, souvent teinté de rouge vineux ; pas de volve visible. La **chair** est épaisse et blanche, rougissant lentement à la coupe, souvent véreuse, principalement dans le bulbe. Il n'y a pas d'odeur notable.

Habitat/saison

L'amanite rougissante est un champignon ubiquiste, qui pousse sur tout type de sol, de la plaine à l'étage alpin, et dans des milieux très divers, pourvu que des arbres existent à proximité : forêts (feuillus ou conifères), lisières de bois, bordures de route, haies d'arbres...

Extrêmement fréquente, elle peut être très précoce, et il n'est pas rare de l'apercevoir dès le mois de juin. Elle peut persister jusqu'au début des gelées.

Comestibilité

L'amanite rougissante, plus connue par les ramasseurs sous le nom de « golmotte », est un comestible que certains n'hésitent pas à classer parmi les meilleurs, mais elle doit impérativement être cuite, car elle est toxique à l'état cru. Le pied trop fibreux est à rejeter, mais la chair de ce champignon est trop souvent attaquée par les vers.

Confusion

L'**amanite panthère** *(Amanita pantherina)* porte des flocons blancs comme le lait, jamais rougissants, et la marge est striée même chez le jeune champignon. L'anneau, au contraire, n'est pas strié, et le bulbe, bien différencié, est surmonté d'un ou deux bourrelets membraneux. Le caractère le plus important pour différencier les deux amanites reste le rougissement (« taches de vin ») qui se manifeste par endroits chez l'amanite vineuse et qui peut affecter toutes les parties du champignon. Chez l'amanite panthère, les flocons, les lames, le pied, le bulbe et la chair sont blancs, et jamais rougissants. Ne récoltez pas d'amanites vineuses si elles ne manifestent aucun signe de rougissement ou de rosissement : celui-ci se voit particulièrement au niveau du bulbe.

Argouane des prairies

↕ 4 – 7 cm ⤢ 3 – 10 cm

***Lepista luscina* (*Lepista panaeolus*)**

Description

Le **chapeau** est épais et charnu, convexe avec une faible dépression au centre, puis devenant vite aplani, conservant longtemps la marge enroulée. Il se montre par la suite souvent irrégulier et ondulé sur la marge. La couleur gris beige est nuancée de petites taches rondes plus foncées ayant un aspect cireux ou huileux, disposées çà et là au centre, ou en un ou deux cercles sur la périphérie. Ce caractère, auquel le champignon doit son autre nom de « tricholome nuageux », n'apparaît pas toujours de manière évidente.

Les **lames,** serrées, minces, blanchâtres chez les jeunes exemplaires, se teintent de gris nuancé de rosé à maturation des spores.

Le **pied,** plutôt court, plein et charnu, puis fibreux, se rompt facilement lors du ramassage. Il est sensiblement de même couleur que le chapeau, en plus pâle cependant.

La **chair,** épaisse et tendre, d'un blanc grisâtre, présente une odeur et une saveur plus ou moins de farine.

Confusion

Il faut surtout conseiller aux débutants de se méfier des petits clitocybes blancs, comme le **clitocybe blanc d'ivoire** *(Clitocybe dealbata)*, également présents dans l'herbe. Ce sont de dangereux toxiques qui poussent parfois la similitude jusqu'à présenter des taches concentriques sur le chapeau, tout comme l'argouane des prairies.

Habitat/saison. . . . .

Ce champignon vient dans l'herbe des prés et des pâturages, parfois aussi dans les vergers. Il ne croît que si le sol n'a pas été fertilisé par des apports d'engrais chimiques. Il forme de petits groupes d'individus isolés et parfois des cercles si denses que les champignons s'imbriquent les uns dans les autres. L'argouane des prairies pousse assez communément en automne, et même tardivement jusqu'en décembre à basse altitude.

Comestibilité . . . .

Abondant localement, l'argouane des prairies permet de réaliser des plats agréables. Il possède la réputation d'un comestible délicat, à la saveur un peu forte cependant, devenant épicée à la cuisson, un peu comme le pied-bleu.

Il est préférable de le consommer en quantité modérée et de choisir des individus jeunes et en bon état. En effet, quelques cas d'intolérance digestive ont été signalés, qui sont peut-être dus à l'argouane cespiteux, avec lequel on confond parfois l'argouane des prairies.

Bolet à mycélium rose

6–12 cm | 5–12 cm

Suillus collinitus

Description

Le **chapeau** épais, d'une forme souvent peu régulière, bosselé, visqueux, dans les tons roux, plus ou moins marbré de brun foncé ou vergeté. Les **pores** jaune pâle laissent pleurer des gouttelettes laiteuses ou limpides, puis qui verdissent. Le **pied** est trapu, jusqu'à 3 cm d'épaisseur, jaune pâle vers le haut et ponctué au sommet de granulations rousses, plus roussâtre vers le bas, souvent coloré de rose ou de rose violet à la base par le mycélium. La **chair** assez ferme est blanc jaunâtre.

Habitat/saison

Il s'agit d'un bolet méridional poussant sous les pins et sur des terrains calcaires ; assez commun de la fin de l'été à la fin de l'automne.

Comestibilité

C'est un comestible assez médiocre et, comme tous les bolets à chapeau visqueux, il faut peler le chapeau pour enlever sa cuticule. À consommer avec modération, car ces champignons peuvent être laxatifs.

BOLET À PIED ROUGE

↕ 8 20 cm ⤢ 7 18 cm

Boletus erythropus

DESCRIPTION

Le **chapeau** est hémisphérique, puis convexe et aplani, châtain foncé, parfois brun roux ou ocre olivâtre, typiquement velouté. Les **pores** petits, rouge sombre, deviennent plus orangés avec l'âge, jaune-orangé sur la marge, virant immédiatement au bleu foncé au toucher. Le **pied,** cylindrique ou le plus souvent renflé à la base, est sans réseau mais entièrement ponctué de petites granulations rouge vif très denses, plus ou moins alignées verticalement et disposées sur un fond jaune. La **chair** est ferme, jaune vif mais devenant bleu sombre à la coupe en quelques secondes, puis la couleur bleue s'estompe au profit de la teinte jaune initiale ; il ne possède pas d'odeur caractéristique, mais sa saveur est douce.

HABITAT/SAISON

Il pousse en lisières, dans les clairières et les forêts claires de feuillus, plus rarement sous les conifères, sur sol acide et bien drainé, en plaine comme en montagne. Précoce et fréquent, le bolet à pied rouge est l'un des premiers bolets que vous trouverez dès le mois de mai et qui pourra accompagner vos promenades jusqu'à la fin octobre.

COMESTIBILITÉ

Ce bolet est toxique à l'état cru et provoque des vomissements. Une fois bien cuit, il s'avère être un bon comestible, rarement attaqué par les vers et guère cueilli par les ramasseurs. On l'appelle souvent « Satan », à cause du bleuissement de sa chair, dû à un phénomène d'oxydation qui se manifeste lorsqu'elle est exposée à l'air.

Confusion

Le **bolet Satan** *(Boletus satanas)*, toxique, a un chapeau blanc sale ou grisâtre (photo p. 66), sans les nuances chaudes roussâtres ou rouges du bolet à pied rouge. Le pied court et énorme est orné d'un fin réseau rouge. Il pousse en stations bien exposées et en sol plutôt calcaire.

BOLET appendiculé

15 cm | 15 cm

Boletus appendiculatus

DESCRIPTION

Le **chapeau** est hémisphérique ou convexe, brun-jaune, ocre brun ou brun-orangé, très finement craquelé. Les **pores** très fins, jaune vif, se marquent à peine de bleu au toucher ; les tubes sont jaunes et bleuissent instantanément. Le **pied** épais et ventru est effilé en pointe arrondie à la base, jaune citron, sali d'ocre à la base. La **chair** est jaune pâle, bleuissant ou non à l'air, mais rosâtre ou brun-rouge dans la partie inférieure du pied ; de saveur douce, il a une odeur agréable de champignon.

HABITAT/SAISON

Plutôt méridional et peu fréquent, le bolet appendiculé pousse sous les feuillus, surtout sur un sol argileux et calcaire. De l'été au début de l'automne.

COMESTIBILITÉ

Le bolet appendiculé est un bon comestible à chair parfumée. Malheureusement, il est peu fréquent.

BOLET BAI

6 – 12 cm | 5 – 15 cm

Xerocomus badius

HABITAT/SAISON

Le bolet bai se plaît surtout dans les forêts de conifères, qu'elles soient naturelles ou plantées, en particulier sous les pins. On le trouve aussi parfois sous divers feuillus (chênes, hêtres, châtaigniers). Il ne pousse que dans les sols acides ou siliceux, sur la mousse, parmi les aiguilles ou les feuilles, parfois dans les anfractuosités des souches.

Bien qu'il s'agisse d'une espèce forestière, c'est l'un des rares bolets qui pourrait pousser sans la présence des arbres. Préférant la plaine, il est moins fréquent en altitude.

Le bolet bai apparaît assez tard en saison, généralement en octobre ou en novembre. Certaines années, il arrive qu'on le rencontre dès la fin de l'été.

COMESTIBILITÉ

Très bon comestible, rarement véreux, le bolet bai pousse souvent en masse, ce qui permet de faire de belles cueillettes dans les pinèdes. Évitez cependant d'en consommer de grandes quantités, car il présente la particularité de concentrer les éléments polluants.

La chair sera moins molle à la cuisson, si vous cueillez de jeunes exemplaires, avant que le dessous du chapeau ne prenne une teinte olive.

DESCRIPTION

Le **chapeau,** d'un marron foncé uniforme, a exactement la couleur d'une châtaigne, mais il est mat et non luisant, velouté par temps sec, visqueux par temps humide. Les **pores,** jaune citron puis olivâtres, se tachent instantanément de bleu-vert foncé à la moindre pression, avant de virer lentement au brunâtre. Le **pied** peut être ventru ou, au contraire, mince. Observée de plus près, sa couleur d'ensemble ocre ou brunâtre apparaît striée longitudinalement de brun roux sur un fond jaune. La **chair** est blanche ou jaune très pâle. Elle ne bleuit que faiblement à la coupe, un peu plus intensément près des tubes. Épaisse, la chair du chapeau ramollit avec l'âge.

Confusion

Le **bolet de fiel** *(Tylopilus felleus)*, très amer, porte un réseau très marqué sur le pied et ses pores sont roses à maturité (photo p. 67).

BOLET DE QUÉLET

Boletus queletii

8–20 cm | 6–15 cm

DESCRIPTION

Le **chapeau** est rouge rosé à rouge brique, lisse, velouté. Les **pores** jaunes au tout début deviennent rapidement orange puis vert olive, sae marquant de bleu-noir intense au toucher. Le **pied,** plus épais vers la base, est jaune vers le sommet, avec de fines granulations rouge-orangé, rouge sombre à la base. La **chair** est jaune soufre pâle, virant au bleu-vert assez intensément, mais rouge sombre (« rouge betterave ») dans la base du pied, jaune au niveau des morsures. La saveur est douce.

HABITAT/SAISON

Ce bolet, en général peu commun, pousse essentiellement sous les feuillus, du début de l'été à l'automne.

COMESTIBILITÉ

C'est un bon comestible, à chair ferme peu attaquée par les vers.

Il n'est pas très commun. En outre, ce champignon est délaissé le plus souvent en raison du bleuissement de sa chair.

Confusions

Le **bolet de Dupain** *(Boletus dupainii)*, toxique, est d'un rouge plus vif, plus méridional et aussi plus rare.
Le **bolet blafard** *(Boletus luridus)* (ci-dessous), indigeste, a un pied marqué d'un réseau bien net.

BOLET DES CHÊNES

↕ 12–20 cm ⌀ 6–18 cm

Leccinum quercinum

Description

Le **chapeau** hémisphérique puis convexe, velouté au sec, est souvent très finement craquelé sur la marge, rouge brique ou brun-orangé, brunissant avec l'âge.

Les **pores** fins, blanchâtres, sont ocre pâle par la suite, brunissant un peu au toucher.

Le **pied** est légèrement épaissi à la base, blanc, couvert de petites écailles rousses qui brunissent ensuite.

La **chair** est ferme puis spongieuse, blanche, rosissant ou grisonnant à la coupe, parfois bleu-vert à la base du pied ; l'odeur est agréable et la saveur douce.

Habitat/saison

On le trouve sous les chênes, les châtaigniers, occasionnellement sous les hêtres, de l'été à l'automne. Peu fréquente, cette espèce est souvent confondue avec le bolet orangé qui pousse sous les feuillus hygrophiles, tels que les trembles ou les peupliers.

Comestibilité

C'est un assez bon comestible, si l'on rejette le pied trop coriace.

BOLET GRANULEUX

7
14 cm

5
12 cm

Suillus granulatus

Syn. fr. : cèpe jaune des pins, nonnette pleureuse

DESCRIPTION

Le **chapeau** est hémisphérique ou conique puis convexe, jaune-orangé à brun roux uniforme, très visqueux par temps humide, soyeux et mat par temps sec, à cuticule débordante et facilement détachable. Les **pores** fins sont successivement jaune pâle, jaune vif et enfin roussâtres, laissant perler des gouttes laiteuses chez les jeunes. Le **pied,** plein et ferme, est blanc ou jaune pâle ; le sommet laisse s'écouler les mêmes gouttes laiteuses que les pores, puis il présente ensuite des granulations rousses ou brunâtres. La **chair** épaisse, blanche à jaune, est immuable à la coupe, avec une odeur et une saveur épicées.

HABITAT/SAISON

Il pousse en groupes, uniquement sous les pins (pins sylvestres, pins maritimes, pins d'Alep…), souvent dans l'herbe, de préférence sur sol calcaire, en plaine comme en montagne. Il est très fréquent sur la façade atlantique, plus dispersé ailleurs, de la fin de l'été à l'automne.

COMESTIBILITÉ

Ce bolet, qui a l'avantage de pousser en masse dans ses lieux favoris, est un bon comestible ; il doit néanmoins être consommé en petite quantité, car il a tendance à être indigeste. Il se montre laxatif s'il est consommé en trop grande quantité. Il faut peler le chapeau pour enlever sa cuticule visqueuse.

BOLET Jaune

Suillus luteus

↕ 7 – 13 cm ⤢ 5 – 10 cm

Description

Le **chapeau** est très visqueux et collant, le plus souvent de couleur très foncée, brun chocolat, parfois brun roux ou ocre, marqué de fines vergetures plus sombres ; cette pellicule colorée se détache facilement. Le dessous du chapeau est d'un jaune éclatant, puis verdit à la fin. Les **pores** sont petits, arrondis, puis plus allongés. Le **pied** est plutôt court, épais et trapu, parfois courbé, cylindrique ou un peu épaissi à la base, blanc à jaune, ponctué de petites granulations rousses au sommet. Le pied est ceinturé d'un large anneau brun violacé qui pend mollement autour du pied, puis se plaque contre lui. Il provient de la membrane blanche (voile partiel) qui relie le pied au bord du chapeau et masque les pores lorsque le champignon est jeune.

Habitat/saison

Ce bolet vient en groupes, uniquement sous les pins, essentiellement le pin sylvestre. Dans les Landes, où on l'appelle nonnette voilée, il abonde parmi les pins maritimes. En montagne, il se trouve jusque sous les pins à crochets. Vous le chercherez dans l'herbe, le long des chemins et le bord des fossés, sur tout type de sol. Il est très fréquent sur la façade atlantique et dans le Midi.

Bien qu'elle puisse apparaître vers la fin du mois d'août, vous rechercherez cette espèce en automne, en octobre ou en novembre selon les régions, jusqu'aux grandes gelées. Si vous avez la chance de vivre dans une région à hiver doux, vous pouvez même la trouver jusqu'en janvier.

Comestibilité

Malgré son aspect peu engageant, le bolet jaune est un bon comestible, considéré comme le meilleur des bolets de son groupe, à condition de jeter le pied et de ne consommer que des sujets jeunes.

Avant de le cuisiner, il faut « peler » le chapeau de ce champignon, ce qui se fait aisément, car le revêtement de surface est un peu amer et laxatif. Cet épluchage salit durablement les doigts, c'est pourquoi il est préférable de mettre des gants.

BOLET ORANGÉ

Leccinum aurantiacum

↕ 12 20 cm ⤢ 10 20 cm

DESCRIPTION

Le **chapeau** est d'abord globuleux ou hémisphérique, à peine plus large que le pied, puis il s'étale et s'élargit jusqu'à devenir convexe, avec une cuticule veloutée débordant de la marge, roux orangé uniforme, parfois brun-rouge.

Les **pores** sont petits, blancs, gris-brun avec l'âge.

Le **pied** dur, légèrement renflé vers le bas, est couvert de petites mèches granuleuses rouille ou brun-rouge.

La **chair** est épaisse, ferme dans le pied, mollissant avec l'âge dans le chapeau, blanchâtre à la coupe, virant au rose sale et enfin au noir violacé, avec une odeur agréable, une saveur douce et agréable.

HABITAT/SAISON

Présent sous les bouleaux, les trembles, les peupliers, sur sol humide et argileux, il est assez fréquent dans l'hémisphère nord. Il apparaît de l'été à l'automne.

COMESTIBILITÉ

C'est un bon comestible jeune. Parmi les bolets au pied rugueux, les meilleurs comestibles sont les espèces dont le chapeau offre des teintes orange ou brun-rouge. Cependant, leur chair noircit à la cuisson comme tous les bolets de ce groupe.

BOLET RUDE

10
20 cm

5
18 cm

Leccinum scabrum

Syn. fr. : bolet raboteux

DESCRIPTION

Le **chapeau** est hémisphérique puis convexe, jamais aplani, de couleur noisette, gris-brun ou brun-jaune, un peu velouté par temps sec, visqueux par temps humide. Les **pores** sont blanc sale puis grisâtres, brunissant au toucher. Le **pied** long, jusqu'à 15 cm, s'élargissant de haut en bas (de 1 à 3 cm de large), ferme, est blanchâtre, mais couvert de petites aspérités écailleuses noirâtres et denses. La **chair** est molle dans le chapeau, fibreuse dans le pied, blanche, non noircissante, immuable ou rosissant lentement à la coupe, se teintant parfois légèrement de bleu à la base du pied. L'odeur est agréable et la saveur douce.

HABITAT/SAISON

Ce bolet pousse sous les bouleaux, en peuplement pur ou en mélange avec d'autres essences, sur un sol humide et acide. Il est très commun en été et en automne.

COMESTIBILITÉ

C'est un comestible assez médiocre, à chair molle et sans beaucoup de saveur, et à condition de ne conserver que le chapeau, car le pied est trop fibreux. Il a cependant l'avantage de pousser parfois en abondance. Ne prélevez que des sujets jeunes et fermes, et cuisinez-les rapidement.

cèpe bronzé

↕ 10 15 cm ⤢ 5 18 cm

Boletus aereus

Syn. fr. : tête-de-nègre

Description

Le **chapeau** hémisphérique est charnu, ferme chez le jeune, de couleur très foncée, brun sépia, brun chocolat, presque noir, mat et velouté, devenant souvent marbré ou veiné de teintes ocre ou rougeâtres.

Les **pores** sont d'abord blancs comme du lait, puis jaune-vert.

Le **pied** ventru est aminci au sommet ocre ou brun rouillé, à réseau peu marqué, blanc ensuite brunissant.

La **chair** très ferme est blanche, même sous le revêtement, avec une odeur agréable et une saveur douce.

Habitat/saison

On le trouve dans les forêts claires, les taillis, les lisières, mais uniquement sous les feuillus, surtout de chênes, en été et en début d'automne. Méridional, il est assez fréquent dans le sud de l'Europe, ainsi que sur la façade ouest, mais on peut le retrouver certaines années plus au nord en stations chaudes et sèches.

Comestibilité

Excellent comestible, le préféré de beaucoup d'amateurs, mais la chair ferme au début ramollit rapidement après la cueillette, comme pour le cèpe d'été.

Cèpe d'été

↕ 8 20 cm ⤢ 5 15 cm

Boletus aestivalis

Description

Le cèpe d'été est un cèpe un peu différent du cèpe de Bordeaux. Le **chapeau** est d'une couleur uniforme brun-orangé sur toute sa surface. Celle-ci est parfois finement craquelée. Le dessous du chapeau, blanc chez les jeunes lorsque le chapeau est encore ferme, vire au jaune puis au vert olive, lorsque le champignon ramollit. Le **pied** est ferme, renflé vers le milieu, teinté d'ocre ou de brun-orangé, mais plus pâle que le chapeau. Sa surface est finement quadrillée de mailles blanches comme si le pied était enveloppé d'un filet.

Habitat/saison

Le cèpe d'été pousse dans les bois clairs de feuillus (chêne, hêtre, châtaignier...). Vous le trouverez souvent sur les lisières. Apparaissant dès le mois de mai, il peut persister jusqu'en septembre ou même en octobre, en plaine comme en montagne, de préférence sur des sols non calcaires.

Comestibilité

C'est un très bon comestible au goût différent du cèpe de Bordeaux ; sa chair est plus sucrée. Cependant, il est souvent véreux. Ne prélevez que les sujets bien fermes, car ceux qui ont déjà ramolli se conservent mal et seront encore plus mous une fois arrivés à la maison. Profitez des barbecues de l'été pour faire griller les chapeaux de chaque côté avec un peu d'huile d'olive, agrémentés éventuellement d'herbes aromatiques selon votre goût.

Confusion

Le **bolet amer** ou **bolet de fiel** *(Tylopilus felleus)* lui ressemble assez (photo p. 67), toutefois le dessous du chapeau, d'abord blanc sale, devient rosâtre par la suite ; il n'est pas toxique mais très amer, caractère que vous pourrez facilement constater en goûtant un morceau du chapeau.

Cèpe de Bordeaux

10 – 25 cm | 5 – 20 cm

Boletus edulis

Description

Le **chapeau** hémisphérique puis convexe, charnu, est de couleur assez variable, mais typiquement brun-rouge ou noisette, plus clair sur le bord, à marge soulignée d'un liseré blanc, lisse, visqueux sous la pluie. Les tubes longs (de 1,5 à 3,5 mm) sont facilement séparables, blancs puis jaune-vert. Les **pores** invisibles au début, blancs, jaunissent assez rapidement et finissent par devenir vert olive ; ils ne bleuissent pas au toucher. Le **pied** (8-20 x 4-9 cm) est tout d'abord très renflé ou ovoïde, ou très renflé à la base dont le diamètre dépasse alors celui du chapeau, devenant cylindrique au fur et à mesure de la croissance, blanc ou un peu roux, marqué d'un réseau fin et blanc bien évident au sommet, mais parfois partiel. La **chair** est blanche et non bleuissante, brun rosé sous la cuticule, ferme, mollissant notablement avec l'âge ; il a une saveur douce de noisette et une odeur agréable.

Habitat/saison

Le cèpe de Bordeaux est un champignon ubiquiste qui peut pousser sous des arbres très divers. Parfois isolé, mais le plus souvent en troupes importantes, dans les bois de conifères (épicéas, pins sylvestres, sapins) dans les taillis et les forêts de feuillus à basse altitude (chênes, châtaigniers), souvent dans les bois mixtes.

Ce cèpe est plus abondant dans les régions de collines ou de moyenne montagne, mais on peut aussi le trouver plus haut, de préférence sur sol acide et bien drainé, parfois aussi sur calcaire.

Confusions

Bolet de fiel *(Tylopilus felleus)*, au goût amer et donc immangeable et dont les pores rosissent.
Bolet Satan *(Boletus satanas)* (ci-dessous), toxique surtout cru, au chapeau blanchâtre sale, au pied rouge et jaune et aux pores rouge sang.

Très fréquent, le cèpe de Bordeaux apparaît dans les forêts en fin d'été et en automne et persiste jusqu'aux gelées. Au-dessus de 1 000 m, il peut faire des poussées dès le mois d'août.

Les endroits privilégiés pour le cèpe de Bordeaux sont souvent les mêmes que ceux d'un autre champignon, l'amanite tue-mouches, plus facile à repérer de loin. Pensez-y lorsque vous cherchez des bois à cèpes dans une zone que vous ne connaissez pas.

Comestibilité

Excellent comestible, le cèpe est à n'en pas douter le plus connu des champignons. Il est reconnaissable à son port majestueux ; on guette ses poussées massives lorsque la pluie se met à tomber après une saison chaude.

Vendu frais sur les marchés, séché ou en conserve dans les magasins, le cèpe se prête à tous les modes de conservation.

L'aspect du champignon se modifie considérablement avec l'âge : ferme et blanc (sous le chapeau) dans le jeune âge, il devient plus mou et vert (sous le chapeau), et certains croient d'ailleurs qu'il s'agit là de deux espèces différentes. Si beaucoup l'apprécient jeune et ferme, quelques-uns le préfèrent plus âgé car il est plus goûteux. Ainsi, les tubes qui verdissent à maturité font le régal de plus d'un gastronome, tandis que les estomacs délicats éliminent ce « foin » jugé indésirable.

Cèpe des pins

10
20 cm

6
18 cm

Boletus pinophilus

Description

Le **chapeau** est très charnu, hémisphérique, lisse mais souvent un peu bosselé ou ridé principalement sur le bord, de couleur grenat, brun-rouge ou acajou, mat, saupoudré de pruine blanche, un peu visqueux par temps humide.

Les **pores** sont très fins et invisibles à l'œil nu chez le jeune, puis de diamètres inégaux, tout d'abord bien blancs, puis jaune-vert olive, non bleuissant au toucher. Les tubes de 1 à 2 cm de long sont facilement séparables, blanc sale puis jaune-vert.

Le **pied** très renflé, jusqu'à 8 cm de diamètre, est plus court que le diamètre du chapeau ; il est dur, teinté d'ocre ou d'acajou dans sa partie inférieure, mais blanc vers le haut qui est orné d'un fin réseau lui-même blanc.

La **chair** compacte et blanche, brun rosâtre sous le revêtement ; l'odeur faible rappelle plus ou moins la résine, la saveur est douce.

Habitat/saison

Il pousse le plus souvent isolé, en automne, dans les forêts de conifères, de pins sylvestres, d'épicéas ou de sapins. Il préfère les sols de nature acide et sableux, ou décalcifiés. Dans les régions plutôt froides, c'est un champignon qui est à rechercher dans les endroits chauds et exposés au sud.

Comestibilité

C'est un excellent comestible qui n'a rien à envier au cèpe de Bordeaux, mais il est plus rare.

Confusion

Le **bolet de fiel** *(Tylopilus felleus)* est un champignon amer et absolument immangeable. Il a un chapeau ocre et des pores larges qui rosissent avec l'âge du champignon.

CHANTERELLE EN TUBE

5 – 12 cm ↕ 2 – 7 cm

Craterellus tubaeformis

Syn. fr. : girolle grise

DESCRIPTION

Le **chapeau** offre une surface sèche, ocre, brun-jaune ou brun-gris, avec une marge très rabattue chez les jeunes, montrant déjà une petite dépression centrale. Puis il se creuse en entonnoir avec une marge sinueuse, le centre étant souvent percé d'un petit trou communicant avec le pied creux. Les **plis** sont décurrents, épais et assez espacés, fourchus près de la marge. Teintés de jaune terne, ils deviennent gris-violet à maturité. Le **pied,** long et mince, est cylindrique ou irrégulièrement bosselé ou sillonné, souvent comprimé, typiquement creux. Sa cavité communique avec l'extérieur par un opercule situé au centre du chapeau. Sa teinte jaune doré devient rapidement

ocre et enfin grise comme les plis à partir du sommet. La **chair** a une consistance un peu élastique, une odeur assez variable de fruit mêlée à l'humus humide et une saveur douce.

Confusions

Par inadvertance, il arrive que l'on mélange à la cueillette de petits cortinaires toxiques qui peuvent se trouver au milieu d'une colonie de chanterelles, notamment le **cortinaire cannelle** *(Cortinarius cinnamomeus)*, dont le chapeau n'est pas en entonnoir et dont les lamelles ne sont pas décurrentes. Gardez-vous aussi de confondre de jeunes exemplaires avec la **léotie lubrique** *(Leotia lubrica)* (ci-dessous), toxique, qui pousse dans les mêmes milieux. C'est un champignon gélatineux, sans plis sous le chapeau.

Habitat/saison

Elle forme des colonies comprenant des individus très serrés les uns contre les autres, sur la mousse ou la litière d'aiguilles des forêts de conifères, essentiellement pins sylvestres et épicéas, sur un sol humide, mais également sous des feuillus comme les hêtres. Elle est très fréquente dans les hêtraies-sapinières.

Cette chanterelle apparaît de septembre à décembre. Il n'est pas rare qu'elle pousse en plein hiver à faible altitude. Persistant longtemps, cette espèce peut subir les assauts d'un gel modéré, geler sur pied et dégeler par redoux. En montagne, son apparition est plus précoce, dès le mois d'août.

Comestibilité

Assez bon comestible, cependant sans beaucoup de parfum et de consistance un peu caoutchouteuse, surtout le pied. Comme elle pousse en abondance, elle remplit rapidement un panier.

Délaissez les individus dont la couleur des plis ou du pied est grise, signe que ce ne sont pas des champignons de toute première fraîcheur.

Chanterelle jaunissante

5 – 12 cm | 3 – 6 cm

Craterellus lutescens

Description

Le **chapeau** est d'abord en entonnoir, puis s'étale et peut garder au centre une petite ouverture qui le fait communiquer avec le pied ; il est très mince, avec une marge ondulée ou frisottée, marron-jaune, parcouru de fibrilles grises.

Les **plis** sont peu marqués et ressemblent plutôt à des boursouflures, d'une belle couleur saumonée ou orangé pâle.

Le **pied** est jaune-orangé vif, souvent légèrement comprimé, sillonné et mesurant jusqu'à 12 cm de long si la couche de mousse est épaisse.

La **chair** est très mince et exhale une odeur très fruitée de mirabelle.

Habitat/saison

C'est un champignon irrégulièrement distribué, qui peut faire défaut dans des régions entières, mais qui se montre abondant dans les zones où il pousse, dans les forêts de pins ou de hêtres. Il est intéressant de noter que la chanterelle jaunissante pousse dans deux types de milieux très différents. En effet, on peut la trouver en montagne ou bien près du littoral maritime, comme dans les Landes où elle est très abondante.

La chanterelle jaunissante est une espèce automnale qui peut être abondante, hivernale dans le Midi (jusqu'en février dans les Landes).

Comestibilité

Elle a un goût très agréable, bien supérieur à celui de la chanterelle en tube, avec laquelle on l'assimile trop souvent. En outre, son pied n'est pas caoutchouteux comme celui de cette dernière. On peut également la faire sécher très facilement.

Vous pouvez conserver cette chanterelle plusieurs jours à température ambiante fraîche, si elle n'a pas été cueillie en conditions trop humides. Elle gardera tout son parfum.

CHANTERELLE NOIRCISSANTE

↕ 5 – 12 cm ⤢ 4 – 8 cm

Craterellus melanoxeros

DESCRIPTION

Le **chapeau** est creusé en entonnoir, à marge très sinueuse, jaune citron chez les jeunes exemplaires, ensuite d'un jaune plus terne et grisonnant lentement au toucher. Peu développés, les **plis** sont semblables à des rides, très fourchus, très décurrents, jaune-gris ou violacé.

Le **pied** creux, souvent comprimé, est d'un jaune plus ou moins vif, noircissant comme tout le champignon.

La **chair,** blanche ou jaune pâle, noircit en quelques heures après la coupe ; l'odeur est faible, mais agréable et la saveur douce.

HABITAT/SAISON

Cette chanterelle pousse dans les forêts de feuillus, surtout sous les chênes et les charmes, solitaire ou en groupes de deux ou trois reliés par la base du pied. Rare, elle apparaît en septembre et en octobre.

COMESTIBILITÉ

Bon comestible, mais moins parfumé que la girolle et de toute manière beaucoup plus rare !

Chanterelle violette

4–10 cm ↕ 3–7 cm ⌀

Gomphus clavatus

Description

Encore appelé « chanterelle en massue », ce champignon a une forme conique, dont le sommet aplani devient plus creusé avec l'âge ; la marge est irrégulière, lobée ou crénelée, surtout chez les exemplaires adultes. De teinte initiale lilas assez sombre, cette surface se change en un jaune ocre à partir du centre. Le dessous du champignon est légèrement ridé ou plissé au début, puis les plis apparaissent plus nettement. Il est d'une couleur lilas, plus soutenu vers le haut, plus pâle vers le bas, se teintant de jaune ocre avec l'âge. Le **pied** est peu distinct, épais et plein, d'une teinte violet sombre, pâlissant par la suite. Les sujets ont souvent des pieds soudés ensemble. La **chair** est épaisse et spongieuse, blanche, de saveur douce ou parfois un peu amère et d'odeur un peu rance.

Habitat/saison

La chanterelle violette pousse en été et en début d'automne dans les forêts mixtes ou de conifères de montagne, jusqu'à la limite de la forêt, sur la mousse ou les aiguilles des stations calcaires. Elle forme des cercles ou des lignes et est assez abondante par endroits sous les épicéas ou les sapins. En Haute-Savoie, on l'appelle « chanterelle bleue » ou « oreille d'âne ».

Comestibilité

La chanterelle violette est appréciée pour sa chair tendre et croquante, mais est très différente de la chair parfumée de la girolle. Il vaut mieux la cueillir jeune, car elle a tendance à devenir un peu amère en vieillissant. En outre, elle est malheureusement souvent truffée de vers, même chez de jeunes exemplaires.

La chanterelle violette peut être assez abondante localement sur certains massifs montagneux. Cependant, considéré sur le plan national, ce champignon est plutôt rare. Aussi est-il plus sage de limiter vos prélèvements à de faibles quantités.

Clavaire à crêtes

↕ 3–10 cm ⤢ 0,5–2 cm

Clavulina cristata

Syn. fr. : crête-de-coq

Description

C'est un petit champignon en forme de buisson, d'aspect variable, ordinairement d'un blanc presque pur, à rameaux lisses et aplatis, courts, se divisant plus ou moins vers le sommet. À maturité, l'extrémité aplatie se découpe en petites dents ou en pointes comme une crête de coq, apparaissant comme déchirée ou lacérée.

La **chair** molle ou un peu cassante n'a pas d'odeur notable et offre une saveur douce.

Habitat/saison

La clavaire à crêtes pousse dans les forêts de feuillus ou de conifères, notamment sous les épicéas, parmi les aiguilles ou les feuilles, ou sur le sol nu des chemins forestiers, dans les ornières ; seule ou en petits groupes, souvent en touffes de plusieurs sujets. Il arrive qu'on la trouve à l'extérieur des forêts, dans l'herbe, sur la terre des chemins et des bords de route.

Elle est commune dans les bois en été et en automne.

Comestibilité

Elle est recherchée dans certaines régions pour son goût agréable, bien qu'elle soit un peu purgative.

Confusions

La **clavaire cendrée** *(Clavulina cinerea)* a des rameaux finement rugueux, gris un peu violacés, aux extrémités peu ou pas ramifiées. Cette confusion peut facilement intervenir avec des exemplaires de clavaire à crêtes envahis par une certaine moisissure (champignon parasite).

La **clavaire rugueuse** *(Clavulina rugosa)* est beaucoup moins divisée, parfois pas du tout ; elle est rugueuse, bosselée ou encore torsadée, aux extrémités aplaties, non pointues.

Clavaire crépue

10
40 cm

Sparassis crispa

Description

La clavaire crépue forme une grosse masse, ressemblant à un chou-fleur, qui peut atteindre jusqu'à 10 kg.

La **base** est formée d'un tronc épais mais très court, blanc jaunâtre, sur lequel prennent naissance les rameaux.

Les **rameaux** sont découpés en lanières très nombreuses et entrelacées, sinueuses et incisées aux extrémités avec l'âge.

La **couleur** initialement crème ou beige roussit nettement par la suite.

Son **odeur** aromatique est souvent comparée à la cannelle et la saveur de sa chair à celle de la noisette.

Habitat/saison

Elle pousse presque toujours accolée à la base d'une souche ou d'un tronc de pin ou d'épicéa, ou encore sur les grosses racines. Elle a également été observée à proximité de sapins de Douglas. Bien qu'on la trouve parfois en forêt de plaine, la clavaire crépue est plutôt une espèce de montagne et se montre assez peu fréquente. Elle est plus abondante cependant dans quelques zones, comme la Haute-Loire ou les Vosges où on la connaît sous le nom de « chou frisé ».

Si vous prenez soin de la récolter en la coupant au couteau à la base sans déranger son mycélium, vous aurez le loisir de la voir repousser fréquemment au même endroit.

La clavaire crépue forme ses gros amas en automne, de septembre à novembre, plus rarement en été.

Comestibilité...........

La clavaire crépue doit être consommée jeune. Par la suite, elle offre un goût moins agréable, une consistance plus caoutchouteuse et devient légèrement laxative. Si elle n'est pas très fréquente, sachez qu'un seul spécimen suffira pour régaler toute la famille. On la cuisine souvent à la crème, en sauce béchamel ou en gratin.

Dans les campagnes, on connaît la clavaire crépue sous différents noms : chou-fleur, morille des pins, morille d'automne ou encore morille blanche, en raison de son aspect d'éponge. La comparaison est flatteuse pour cette espèce qui n'est pourtant pas aussi délicieuse que les morilles.

Ne récoltez que les clavaires crépues qui poussent au pied des conifères et délaissez les exemplaires que vous pourriez trouver sous les feuillus, notamment le chêne : il s'agit dans ce cas d'une variété ou espèce proche, sparassis en larmes *(Sparassis laminosa)*, qui serait légèrement toxique. En outre, elle dégage une odeur désagréable d'eau de Javel.

Clavaire dorée

↕ 5 12 cm ⤢ 10 20 cm

Ramaria aurea

Description

Ce champignon, à nombreux **rameaux** dressés partant d'une base épaisse, droits ou sinueux, brièvement divisés au sommet, est jaune citron vif ou jaune doré, plus vif aux extrémités, se salissant plus ou moins de brunâtre au toucher. Le **pied** est massif et blanchâtre. La **chair** blanche est cassante, avec une odeur agréable et une saveur douce.

Habitat/saison

On trouve cette clavaire dans les forêts de feuillus et les bois mixtes, notamment sous le hêtre, sur un sol humide. Assez commun, surtout dans la partie sud du pays, en fin d'été et en automne.

Comestibilité

Bon comestible jeune, ensuite ce champignon devient coriace et indigeste.

Confusion

La **clavaire jolie** *(Ramaria formosa)*, qui est toxique, pousse dans les mêmes milieux ; elle possède des rameaux rosâtres, sauf les extrémités qui sont jaunes.

Clavaire en chou-fleur

↕ 10 20 cm ⤢ 7 15 cm

Ramaria botrytis
Syn. fr. : pied-de-coq

Descrption

En forme de buisson ramifié assez charnu, qui est constitué de « ramifications » courtes rattachées à un « tronc » massif et charnu.

Les **rameaux** sont d'abord de couleur crème à ocre avec des extrémités dentées d'une couleur rose vineux. En vieillissant, le champignon devient plus terne.

Cette clavaire compacte rappelle un chou-fleur.

Habitat/saison

Elle vient sous les feuillus ou sous les conifères, en été et en automne.

Comestibilité

Bon comestible, au goût fruité, lorsqu'il est récolté jeune, recherché par quelques connaisseurs. Néanmoins, comme beaucoup de clavaires, ce champignon peut se montrer purgatif, surtout si l'on n'a pas pris la précaution d'éliminer l'extrémité rose des rameaux et si on le fait cuire sans le faire blanchir.

Confusion

Ne cueillez pour votre consommation que des sujets jeunes dont les couleurs permettent une identification plus aisée. En vieillissant, les clavaires prennent des teintes plus ternes, ce qui augmente les risques de confusion avec des espèces indigestes ou toxiques.
La **clavaire jolie** *(Ramaria formosa)*, très indigeste, a des rameaux de couleur saumonée à sommet jaune vif (photo en page de gauche).

CLITOCYBE en ENTONNOIR

5–10 cm | 4–10 cm

Clitocybe gibba

Confusion

Le **clitocybe des feuilles** *(Clitocybe phyllophila)* pousse souvent en troupes dans les bois comme le clitocybe en entonnoir. Son chapeau est blanc, peu ou pas creusé.

DESCRIPTION

Le **chapeau** est mamelonné et à marge enroulée au début, puis creusé en entonnoir, et à marge faiblement striée, devenant plus ou moins sinueuse, et pouvant conserver un mamelon très atténué ; la couleur est beige ou roux clair, nuancée de rosé, pâlissant un peu par temps sec. Le **pied** est assez court et mince, plein puis creux ou spongieux, blanchâtre ou roussâtre pâle ; la base est entourée de litière agglomérée par un feutrage de mycélium blanc. **Lames** serrées, très décurrentes et blanches. La **chair** est mince, molle et blanche, à odeur faible mais agréable, de saveur douce.

HABITAT/SAISON

Le clitocybe en entonnoir est un champignon très fréquent dans les forêts de feuillus ou de conifères, où il pousse en troupes de l'été à l'automne.

COMESTIBILITÉ

Il est assez bon comestible à condition d'éliminer le pied trop fibreux. Il a l'avantage d'être fréquent et d'être recherché par endroits pour la consommation.

CLITOCYBE GÉOTROPE

↕ 10 – 25 cm ⤢ 6 – 20 cm

Clitocybe geotropa

Syn. fr. : tête-de-moine

DESCRIPTION

Le **chapeau** est d'abord en cloche avec un large mamelon, devenant rapidement déprimé au centre, mais avec le mamelon bien marqué, puis creusé en entonnoir et toujours le mamelon au fond de la dépression ; la marge, qui reste longtemps enroulée, finit par se relever et devenir onduleuse. Le revêtement est lisse ou un peu feutré, de teinte jaune paille ou jaune ochracé, parfois carnée. Les **lamelles,** blanc crème à beige, sont inégales, serrées et longuement décurrentes. Le **pied,** plus ou moins égal au diamètre du chapeau, est puissant et plein, devenant spongieux avec l'âge, presque cylindrique, s'épaississant régulièrement jusqu'à la base qui est enserrée dans un feutrage blanc. Sa coloration rappelle celle du chapeau. La **chair** est blanche et ferme, avec une odeur agréable, mais assez forte, rappelant l'herbe coupée.

HABITAT/SAISON

Ce gros champignon ne passe pas inaperçu dans les pâturages, les bois clairs de feuillus et les clairières où il forme de vastes ronds de sorcières ou des lignes. On le voit plutôt en sol calcaire. Assez commun au moment des poussées surtout automnales, il peut aussi apparaître plus tardivement.

COMESTIBILITÉ

Son parfum agréable et sa belle prestance font du clitocybe géotrope un comestible réputé. Il est néanmoins préférable de le récolter jeune et d'éliminer le pied trop fibreux. Plus tard, sa chair devient spongieuse ; les exemplaires âgés, trop coriaces, se révèlent inconsommables. Cueillez les clitocybes géotropes avant que leur chapeau ne devienne déprimé et délaissez les exemplaires en entonnoir, trop coriaces et filandreux.

Confusions

Le **clitocybe nébuleux** *(Clitocybe nebularis)* a d'ordinaire un chapeau gris pâle à gris-brun. L'**entolome livide** *(Entoloma lividum)* est un toxique dont les lamelles ne sont pas décurrentes ; le chapeau est grisâtre terne (voir photo p. 90).

CLITOCYBE INVERSÉ

Lepista inversa

5
10 cm

4
10 cm

DESCRIPTION

Le **chapeau** devient rapidement creusé en entonnoir, mais à marge mince et étroitement enroulée, orangé ou roussâtre, souvent maculé de taches brun-rouge avec l'âge. Les **lames** sont très serrées et très décurrentes, crème puis orangé, entremêlées de lames plus petites appelées « lamelles » ou « lamellules ». Le **pied,** très court, de même couleur que le chapeau, à base feutrée de blanc, est entouré de débris de feuilles agglomérées. La **chair** légèrement élastique, de crème à brun pâle, a une odeur de champignon et une saveur douce.

HABITAT/SAISON

Le clitocybe inversé forme des troupes denses, des lignes ou des ronds dans les bois de conifères, en plaine et en montagne. C'est une espèce fréquente pendant tout l'automne.

COMESTIBILITÉ

Assez bon comestible, si on prend soin de le cueillir suffisamment jeune et que l'on délaisse le pied trop fibreux.

Confusion

Le **clitocybe à bonne odeur** *(Clitocybe amoenolens)* possède un chapeau creusé et mamelonné, et une couleur un peu plus claire. Il pousse sous les mélèzes ou les pins, sur des versants calcaires et secs. Ce champignon a provoqué des intoxications assez graves.

Clitocybe odorant

4–10 cm | 4–8 cm

Clitocybe odora

Syn. fr. : clitocybe à odeur d'anis

Description

Le **chapeau** est coloré d'un bleu-vert caractéristique, qui ternit avec l'âge. Il s'étale et devient profondément déprimé, presque en entonnoir ; il conserve toutefois un mamelon central. La marge, d'abord enroulée et souvent lobée, se relève nettement et devient très sinueuse à la fin. Les **lames,** fines et étroites, assez serrées, ont une teinte pâle, blanchâtre ou grisâtre, nuancée de la couleur du chapeau. Elles sont adnées ou faiblement décurrentes. Le **pied,** généralement court et cylindrique, un peu épaissi à la base, fibrilleux, est plus clair que le chapeau, bleu-vert grisâtre. D'abord charnu et fibreux, il devient vite creux et inconsistant, mais reste tenace. La **chair** est ferme, puis élastique, blanche lavée de verdâtre, et exhale une très forte odeur anisée, caractéristique.

Habitat/saison

Le clitocybe odorant vient dans les litières de feuilles ou d'aiguilles des sous-bois sombres de feuillus et de conifères. Il pousse communément en cercles ou en petites troupes, surtout dans les hêtraies et les pessières, de l'été à l'automne.

Comestibilité

Son parfum prononcé d'anis fait qu'on préfère utiliser le clitocybe odorant par petites quantités. Un ou deux exemplaires suffisent à relever le goût d'un plat de champignons à la saveur et à l'odeur peu prononcées. Le pied, tenace, sera toujours éliminé.

L'odeur anisée du clitocybe est tellement forte que vous pouvez, suivant les conditions (humidité, sens du vent…), la percevoir à plusieurs mètres de distance dans la forêt.

CLITOCYBE ORANGÉ

↕ 3 6 cm ⤢ 3 7 cm

Hygrophoropsis aurantiaca

Syn. fr. : fausse girolle

Description

Le **chapeau** est d'abord convexe, puis rapidement creusé au centre, souvent en entonnoir avec l'âge ; la marge longtemps enroulée puis un peu ondulée ; le revêtement légèrement velouté, jaune d'œuf à rouge-orangé, le plus souvent orange, plus clair sur la bordure. Fines et serrées, les **lamelles** sont nettement décurrentes, souvent crispées, fourchues, molles, plus ou moins séparables du chapeau, de couleur orange carotte, parfois jaune-orangé. Le **pied,** plutôt grêle, est élastique et coriace, lisse, plein puis creux, orangé, devenant brun sombre à la base. La **chair** mince, molle et flasque, est jaunâtre, avec une odeur et une saveur non caractéristiques.

Habitat/saison

Le clitocybe orangé vient communément en petites troupes en fin d'été et surtout en automne, dans les bois de pins, également sous les épicéas, plus rarement sous les feuillus. Il pousse sur le sol ou sur des branches enfouies et très dégradées.

Comestibilité

Bien qu'on l'ait prétendu parfois toxique (il s'agissait probablement d'une confusion avec le clitocybe de l'olivier), le clitocybe orangé est comestible, mais sa chair flasque et mince manque de saveur ; néanmoins, comme il pousse souvent en abondance, il est aisé d'en réunir une certaine quantité. En revanche, il est déconseillé de le consommer cru.

CLITOPILE PETITE PRUNE

↕ 4 – 8 cm ⤢ 4 – 10 cm

Clitopilus prunulus

Syn. fr. : meunier

DESCRIPTION

Le **chapeau,** de taille petite ou moyenne, est d'abord bombé, avec une marge épaisse et enroulée, puis il s'aplanit rapidement, avec une marge plus mince, devient ondulé ou lobé, légèrement en entonnoir chez les exemplaires plus âgés. La surface, d'un blanc sale, mat et velouté, se nuance quelquefois de gris. Finement pruineuse, elle devient légèrement visqueuse par temps humide.

Les **lames** sont serrées, minces, souples et sinueuses. Vues sur un chapeau en coupe, elles apparaissent étroites (3 ou 4 mm) et très décurrentes. Blanchâtres dans leur jeunesse, elles deviennent rose carné à maturité des spores. Si on les gratte avec l'ongle, elles se détachent sans difficulté.

Le **pied,** parfois excentré, souvent courbé, est court (de 2 à 5 cm), plutôt épaissi à la base, laquelle est cotonneuse, de teinte blanche. Il est en grande partie enfoui dans la mousse ou la litière.

La **chair,** tendre, molle et fragile, dégage une odeur forte de farine fraîche qui explique son appellation de « meunier ». Sa saveur est généralement douce. Il n'a aucune odeur de prune comme son nom le laisse présumer : ce dernier lui a été donné par un botaniste qui l'avait trouvé sous des prunelliers.

Habitat/saison

Le clitopile petite prune est une espèce commune en plaine et en montagne, dans les bois, tant sous les feuillus que sous les conifères. Il forme de petites troupes de quelques individus en été et en automne, et on le rencontre le plus souvent en lisière, dans les bruyères ou sous les buissons de myrtilliers, au bord des chemins ou dans les prés avoisinants. Le clitopile petite prune est un bon indicateur des stations à cèpe de bordeaux, car il pousse très souvent en sa compagnie.

Comestibilité

Le meunier est un très bon comestible au goût fin et très parfumé, rarement véreux, qui ne mérite pas le désintérêt dont il fait l'objet. Cette désaffection est probablement due à son aspect qui ne permet pas une identification au premier coup d'œil, ainsi qu'à sa ressemblance avec beaucoup de champignons blancs dont on se méfie, à juste raison d'ailleurs. Sa chair tendre et molle ne doit être cuite que pendant quelques minutes seulement. On peut le préparer à la crème, sauté à la poêle ou mélangé à d'autres champignons. Il se laisse facilement sécher, sans trop perdre de son arôme.

Confusion

Il existe un risque de confusion avec tous les clitocybes blancs, d'ailleurs difficiles à différencier les uns des autres, surtout avec le **clitocybe des feuilles** *(Clitocybe phyllophila)*, car ce champignon est fréquent dans les mêmes bois et il pousse aussi en troupes comme le meunier.

Le critère déterminant est l'absence de lames roses à maturité : si vous voulez cueillir des meuniers, ne prélevez que des individus matures à lames roses et laissez de côté les jeunes sujets aux lames encore blanches, car la distinction n'est pas toujours aisée. L'odeur de farine, entre autres, peut se retrouver chez des clitocybes toxiques, bien que moins accentuée.

Collybie à pied velouté

↕ 4 10 cm ⤢ 3 10 cm

Flammulina velutipes

Description

Le **chapeau,** peu épais, devient rapidement plat, puis plus ou moins ondulé. Le revêtement visqueux, surtout par temps humide, est jaune-orangé à fauve orangé, plus clair sur la marge.

Les **lamelles** sont assez serrées, échancrées, crème à jaune ocre, devenant piquetées de roux.

Le **pied** fin et allongé est souvent courbé, revêtu dans la partie inférieure d'un velours brun-noir, contrastant nettement avec le jaune de la partie supérieure et envahissant progressivement tout le pied.

La **chair** est molle et un peu élastique dans le chapeau, fibreuse et coriace dans le pied. L'odeur est légèrement fruitée et de saveur douce.

Habitat/saison

La collybie à pied velouté vient en touffes de quelques individus sur les souches ou au sol sur les racines, sur les troncs morts, les branches cassées, surtout sur les saules, peupliers, hêtres et frênes. Elle est plus rare sur les conifères.

Commune, elle apparaît à la fin de l'automne jusqu'au début du printemps, et il n'est pas rare de la trouver sous une couche de neige. C'est le mucilage qui lui confère sa viscosité qui la protégerait efficacement du gel.

Comestibilité

En Europe occidentale, la collybie à pied velouté n'est pas aussi appréciée qu'en Europe de l'Est et surtout en Asie, où sa consistance élastique semble bien adaptée à la cuisine asiatique, en particulier aux plats à base de riz, tout comme les champignons noirs.

En Extrême-Orient, ce champignon est cultivé de manière intensive, notamment au Japon et à Taïwan.

Confusions

Plusieurs espèces de pholiotes à chapeau jaune ou orangé peuvent pousser en touffes sur des souches ou des branches, mais leur pied est le plus souvent écailleux, jamais velouté. De plus, elles ne sont pas hivernales.

COPRIN CHEVELU

↕ 10 20 cm ⌀ 2 7 cm

Coprinus comatus

DESCRIPTION

Le **chapeau,** chez le jeune, est allongé en fourreau entourant le pied, de couleur blanche, mais entièrement recouvert de longues mèches retroussées à pointes beiges ou rousses, excepté le sommet, qui est bien délimité par une calotte ocre ou roussâtre ; puis, il s'ouvre très vite en cloche et se liquéfie à partir du bord en une encre noire et épaisse.

Les **lames** sont libres, très serrées, blanches, mais rapidement rosissantes puis noircissantes à partir du bord du chapeau.

Le **pied** est long (parfois plus de 20 cm), cylindrique et creux, un peu renflé en bulbe, blanc, se salissant de gris ou de brun à maturité ; il porte un petit anneau en forme de bague qui finit par se détacher et tomber à la base du pied.

La **chair** est blanche et molle, à odeur et à saveur peu marquées.

HABITAT/SAISON

Le coprin chevelu pousse en général hors des bois, principalement en des lieux où la terre a été récemment apportée ou qui a été remuée. Il est ainsi fréquent sur les pelouses récentes, dans les parcs, sur les bords de routes, les talus de chemins, dans les jardins, les terrains vagues, tout particulièrement si le sol est sablonneux, calcaire et riche en humus. Il forme souvent des groupes d'individus parfois serrés les uns contre les autres, parfois dispersés en grand nombre.

Vous le trouverez d'avril à la fin de novembre, mais plus fréquemment en septembre et en octobre. Sa pousse est très rapide après des pluies par temps chaud, mais sa déliquescence aussi, et souvent lorsqu'on trouve une troupe de coprins, une bonne partie d'entre eux s'est déjà liquéfiée ou est en voie de l'être.

Comestibilité

Il fait partie des meilleurs champignons comestibles et permet de préparer de délicieux plats, si on prend la peine de suivre certains conseils. Rejetez le pied fibreux qui n'est pas consommable. De structure fragile, le coprin demande à être transporté avec délicatesse. Il doit être mangé le jour de la cueillette. Le chapeau continue en effet son évolution une fois qu'il a été ramassé. C'est la raison pour laquelle on ne doit garder pour la consommation que de très jeunes sujets, cueillis avant que le bord des lames ne grisonne. Dans le cas contraire, ils rendraient dans la poêle un liquide noirâtre peu appétissant.

Il se montrera savoureux cru, avec un peu de sel et du jus de citron. Si vous décidez de le faire cuire, n'oubliez pas que, comme tous les champignons à chair mince et fragile, il est préférable de le saisir rapidement à la poêle.

Cortinaire remarquable

↕ 8 20 cm ⤢ 8 25 cm

Cortinarius praestans

Confusions

Ce cortinaire très charnu ressemble beaucoup au **cèpe de Bordeaux** au début de son développement tout du moins.
Le cortinaire remarquable, comme son nom l'indique, est bien typé ; citons un autre gros cortinaire le **cortinaire herculéen** *(Cortinarius herculeus)* qui présente la même silhouette, mais de teinte plus ocre, avec une odeur forte de « terre ». Il pousse sous les cèdres et est plus abondant au sud.

Description

Le **chapeau,** d'abord hémisphérique, puis convexe, s'étale ensuite largement. La présence de taches blanchâtres, notamment chez le jeune, contraste sur le fond brun chocolat nuancé de violet. La surface, légèrement visqueuse à l'humidité, d'abord un peu rugueuse, se plisse de stries concentriques chez l'adulte. La marge apparaît alors profondément striée.

Les **lames,** adnées, ont une coloration ocre lilas qui vire au brun rouille à maturité des spores. Leur arête est très irrégulière.

Le **pied** est massif, grossi encore à la base par un bulbe volumineux qui s'amincit en pointe dans le sol. Dans le jeune âge, il montre des cercles plus ou moins apparents teintés de violet. La cortine, blanc lilacin, qui protège les lames avant maturité, se déchire en stries annulaires sur le pied et se teinte de brun rouille au moment de la dissémination des spores.

La **chair,** épaisse et ferme, blanchâtre lavée de lilacin, sans odeur particulière, offre une saveur douce.

Habitat/saison

Le cortinaire remarquable, peu commun, ne pousse qu'en certaines régions, que dans les bois de feuillus, sur sol calcaire. Il apparaît souvent en petites troupes de trois ou quatre, parfois en cercles de nombreux individus, d'août à septembre, voire octobre.

Comestibilité

Malgré le nombre impressionnant d'espèces qu'ils renferment, les cortinaires ne comportent pas de comestible hautement réputé. Le cortinaire remarquable est considéré comme le meilleur d'entre eux ; il est très prisé en Suisse. Il a en outre l'avantage d'être de bonne taille et de ne prêter aucune confusion avec une autre espèce toxique.

Entolome en bouclier

↕ 6 – 11 cm ⤢ 3 – 10 cm

Entoloma clypeatum

Description

Le **chapeau** est charnu et ferme, conique puis convexe avec un mamelon très prononcé, à marge devenant ondulée et se fendillant ; la surface, un peu visqueuse à l'humidité, brun assez foncé, devient beige à gris-brun pâle à l'état sec, parcourue de fines fibrilles radiales.

Les **lamelles** sont larges et espacées, échancrées, blanchâtres à grisâtres, puis brun-rose.

Le **pied** est fibrilleux, blanchâtre puis grisâtre.

La **chair** est ferme et compacte dans le chapeau, fibreuse dans le pied, blanche

ou légèrement brune surtout à l'humidité ; une odeur et une saveur de farine.

Habitat/saison

L'entolome en bouclier pousse en petits groupes dispersés sous les arbustes épineux (prunellier, aubépine...), dans les haies, les parcs, même isolé dans une prairie, mais également sous les arbres fruitiers, tels que pruniers ou pommiers. C'est d'avril à fin juin que vous pourrez le voir apparaître, principalement peu après la floraison des arbustes sous lesquels il fructifie.

L'entolome en bouclier fait partie d'un groupe d'entolomes printaniers, comestibles, tous très proches, à odeur de farine.

Comestibilité

Bon comestible, l'entolome en bouclier dispense une saveur et une odeur de farine qui rappellent le tricholome de la Saint-Georges (voir p. 149). Ce champignon nécessite une cuisson assez prolongée.

Confusions

Des confusions pourront se produire avec les autres entolomes de printemps. Plus graves seraient les confusions avec d'autres entolomes toxiques, comme l'**entolome à pied blanc** *(Entoloma lividoalbum)* (en haut), l'**entolome rose et gris** *(Entoloma rhodopolium)* et surtout l'**entolome livide** *(Entoloma lividum)* (au centre), mais ce sont tous des champignons automnaux.
L'**inocybe de Patouillard** *(Inocybe patouillardii)* (en bas) est un printanier particulièrement dangereux ; ses lames rougissent comme celles des entolomes et son chapeau est d'une couleur paille. Mais celui-ci est conique et souvent fendu profondément ; la chair se montre rougissante et son odeur, assez forte, ne sent pas la farine.

FISTULINE HÉPATIQUE

7
25 cm

Fistulina hepatica

Syn. fr. : langue-de-bœuf

DESCRIPTION

Le **chapeau** est semi-circulaire ou en forme de langue ; son revêtement visqueux, facilement séparable, est couvert de petites papilles rendant la surface rugueuse, rouge vif, puis rouge grenat.

Les **pores**, petits et ronds, sont blanchâtres dans un premier temps, puis crème rosé, virant au rouge-brun au toucher et avec l'âge. Les tubes, d'abord jaunes, se teintent ensuite de rouge ; de 1 à 1,5 cm de long, ils sont accolés mais non soudés entre eux (caractère unique).

Le **pied** court, parfois entièrement absent, latéral, est couvert de papilles également, de la même couleur que le chapeau.

La **chair** est épaisse et spongieuse, puis plus coriace, rouge avec des veines plus claires, renfermant un suc rougeâtre semblable à du sang ; l'odeur est faible et la saveur acidulée et un peu salée.

HABITAT/SAISON

Ce champignon s'installe sur les chênes ou les châtaigniers vivants, le plus souvent à la base des troncs, mais aussi sur les souches et les troncs morts de ces mêmes arbres. Elle est plus fréquente dans les régions méridionales et absente des montagnes.

La fistuline hépatique a une époque d'apparition assez restreinte en fin d'été et en début d'automne, le plus souvent en septembre.

COMESTIBILITÉ

Récoltée jeune, la fistuline permet de réaliser des plats agréables. Sa saveur salée, légèrement acidulée, est appréciée. Consommée crue, en salade ou bien panée comme une escalope, cette espèce est à mettre au rang des comestibles tout à fait convenables.

Confusion

La **fistuline** se différencie des polypores par ses tubes libres, non soudés entre eux. Son apparence ne trompe pas, elle ne peut être confondue avec aucun autre champignon.

GIROLLE

3 – 12 cm | 3 – 10 cm

Cantharellus cibarius

Syn. fr. : chanterelle commune

Description

De taille variable, la girolle est entièrement d'un jaune vif uniforme, caractère rare chez les champignons. La bordure du **chapeau,** d'abord bien enroulée vers le bas chez les jeunes sujets, devient ensuite plus sinueuse et plus ondulée. Les éléments qui ressemblent à des lames sous le chapeau sont en fait des plis. Épais et décurrents, ils sont tout d'abord rectilignes et peu fourchus, puis plus sinueux et plus fourchus. Le **pied** est légèrement rétréci vers le bas. La **chair,** blanchâtre, devient plus fibreuse dans le pied et avec l'âge. La saveur est douce ou, le plus souvent, légèrement poivrée. L'odeur fruitée très agréable rappelle étonnamment l'abricot.

La girolle renferme en fait plusieurs variétés ou formes, souvent liées à l'essence des arbres qui les hébergent.

La variété *amethysteus* (chanterelle améthyste) a une couleur générale plus terne que celle de la girolle commune ; elle possède des taches violacées sur le chapeau et, avec l'âge, des mèches également violacées apparaissent sur la marge. Plus rare et plutôt estivale, elle pousse sous les feuillus, les hêtres et les chênaies-charmaies en plaine.

HABITAT/SAISON

La girolle pousse dans des milieux très divers, forêts, bosquets ou taillis. Fidèle à ses stations, elle pousse souvent après une forte pluie, suivie de quelques jours de chaleur. En fait, elle préfère assez nettement le voisinage des chênes. Aussi la trouverez-vous plus souvent à basse ou moyenne altitude à partir de fin mai jusqu'aux premiers grands froids, qui marquent la fin de l'automne. Mais on peut également la voir sous d'autres essences et suivre en cela l'étagement de la végétation ; dans la hêtraie, elle se présente souvent sous une forme trapue et jaune pâle (forme pallida).

En ce qui concerne les conifères, elle se manifeste essentiellement sous les sapins et sous les épicéas. Ces derniers arbres marquent la limite maximale pour la girolle (environ 2 000 m). En altitude, sa période d'apparition peut être réduite aux mois de juillet à septembre.

COMESTIBILITÉ

De bel aspect et d'odeur alléchante, ce champignon est l'un des plus prisés des amateurs. Il fait l'objet d'une recherche assidue. Après la cueillette, la girolle peut se conserver 4 ou 5 jours environ au réfrigérateur.

Elle doit être cuite lentement et assez longtemps, si on veut lui conserver sa tendreté. Après lui avoir fait rendre son eau pendant 10 minutes à feu doux, on la fait revenir 15 minutes environ, toujours à feu doux.

Rien n'interdit de faire sécher la girolle après l'avoir coupée en lamelles, mais son amertume se renforce alors.

Confusions

Très facile à identifier, la girolle n'a pas de sosie susceptible d'être confondu avec elle. Attention cependant au **clitocybe illusoire** *(Omphalotus illudens)* (ci-dessous), champignon toxique assez rare, qui pousse en touffes volumineuses sur de vieilles souches, au pied très long et totalement dépourvu du parfum fruité de la girolle. La **fausse girolle** *(Hygrophoropsis aurantiaca)*, comestible, est orangé, à chair molle et flasque ; la base du pied est rouge sombre.

GOMPHIDE GLUTINEUX

6
12 cm

5
10 cm

Gomphidius glutinosus

DESCRIPTION

Le **chapeau** de ce champignon est recouvert d'une épaisse couche visqueuse transparente. Il est charnu, hémisphérique, puis creusé en prenant une silhouette d'entonnoir. Sa couleur café-au-lait, gris-brun ou brun chocolat se tache de noir avec l'âge.

Les **lames** sont espacées, épaisses et nettement décurrentes ; elles sont tout d'abord blanches puis noircissent avec le temps. Chez le jeune champignon, elles sont recouvertes d'un voile glutineux transparent qui disparaît en laissant un petit bourrelet sur le pied.

Le **pied** cylindrique, étranglé tout au sommet, visqueux, blanc, sauf à la base qui est jaune doré.

La **chair** épaisse et molle est blanche. Dans le bas du pied, elle prend la même couleur jaune qu'à l'extérieur.

HABITAT/SAISON

Il pousse le plus souvent en troupes dans les forêts de conifères, presque toujours sous les épicéas, même sous de très jeunes plantations. On le trouve aussi bien sur des sols acides que sur des parties calcaires, de la plaine jusqu'à l'étage montagnard, mais il est plus fréquent en montagne.

COMESTIBILITÉ

Malgré son revêtement visqueux, le gomphide glutineux est un bon comestible. Il faut toutefois éliminer la base du pied. Le revêtement visqueux est facile à enlever en tirant sur la « peau » du chapeau depuis le bord.

HYGROPHORE BLANC DE NEIGE

↕ 4 8 cm ⌀ 1 4 cm

Cuphophyllus virgineus

DESCRIPTION

Le **chapeau,** de petite taille, d'abord globuleux, puis convexe et régulier, s'étale ensuite, devenant enfin déprimé et irrégulier. Assez charnu au centre, il est beaucoup plus mince à la marge, au point que les lames sont visibles par transparence. Blanc pur, comme tout le reste du champignon, le chapeau ne se teinte de crème ou de rosacé, puis de brunâtre, que tardivement et surtout par temps humide. La surface est sèche ou humide, parfois un peu gluante, mais jamais nettement visqueuse. Les **lames,** décurrentes, espacées, sont reliées par un fin réseau veiné. Le **pied,** long et grêle, étiré en pointe à la base, spongieux et rapidement creux, se macule souvent de rosé dans le bas. La **chair,** blanche, tendre et fragile, mais un peu élastique, libère une odeur particulière et agréable, et offre une saveur douce agréable.

HABITAT/SAISON

C'est dans l'herbe des prés et des pâturages non fertilisés et non amendés que pousse communément l'hygrophore blanc de neige, en grandes troupes, généralement en automne et parfois en début hiver.

COMESTIBILITÉ

Il est considéré comme un comestible assez délicat. Localement abondant, il permet la préparation de plats copieux.

Confusions

Les clitocybes blancs toxiques qui poussent dans les prés, possède un chapeau d'apparence glacée, parfois craquelé, blanchâtre à grisâtre, se tachant de roussâtre avec l'âge, tout comme le pied. Les lames, minces et serrées, sont beaucoup moins décurrentes que celles de l'hygrophore blanc de neige, et la chair libère une odeur farineuse. L'**hygrophore à odeur de chenille de cossus** *(Hygrophorus cossus)*, très gluant, est un médiocre comestible, possédant une odeur très désagréable.

HYGROPHORE DE L'OFFICE

↕ 4 – 10 cm

⤢ 6 – 12 cm

Hygrophorus penarius

Description

Le **chapeau** très épais est bossu ou déprimé, souvent avec un large mamelon, entièrement blanc ou un peu beige au centre, un peu gras au toucher ; la marge devient sinueuse ou irrégulière. Le **pied** floconneux au sommet, aminci en pointe à la base, est de la même couleur que le chapeau. Les **lames** sont décurrentes, épaisses et espacées, blanches ou crème. La **chair** est épaisse, blanche et ferme, avec une odeur faible et une saveur douce.

Habitat/saison

On le trouve dans les forêts de hêtres, sur sol calcaire. L'hygrophore de l'office apparaît en fin d'été et en automne, mais ce n'est pas une espèce fréquemment rencontrée. Cependant, c'est un hygrophore de belle taille, qui pousse souvent en troupes.

Comestibilité

C'est un très bon comestible, mais méconnu car peu fréquent.

Confusion

Sous les chênes pousse une forme plus trapue, *Hygrophorus penarioides* (il s'agirait d'une espèce différente), avec un chapeau pouvant dépasser 15 cm de diamètre, mais tout aussi comestible.

HYGROPHORE de mars

4–8 cm | 6–15 cm

Hygrophorus marzuolus

Description

Le **chapeau** est épais et charnu. D'abord convexe, il s'aplatit rapidement, prenant un aspect irrégulier, bosselé, plus ou moins mamelonné, et devient finalement un peu creusé. La surface, lisse et mate, se montre sèche ou humide, mais jamais visqueuse. Les jeunes exemplaires, parfois entièrement blancs, se maculent rapidement d'une nuance grisâtre qui s'intensifie peu à peu jusqu'au gris ardoisé, presque noir. La marge, plus claire, recourbée vers le bas chez le jeune, s'étale et se relève même à la fin. Les **lamelles,** blanches, se teintent de gris ardoisé. Elles sont épaisses, caractère qui est d'ailleurs typique du genre *Hygrophorus*, d'abord serrées et un peu arquées, puis espacées. Le **pied,** blanc, d'abord court et trapu, puis étiré, se pare de gris à partir de la base en vieillissant. Souvent courbé dans le bas, il se montre plein et ferme, rayé de fibrilles longitudinales et orné de mèches dans la partie supérieure. La **chair,** blanche, tendre et compacte, légèrement grisâtre en surface, plus ferme et fibreuse dans le pied, offre une odeur légère et agréable, et une saveur douce.

Habitat/saison

L'hygrophore de mars est un hôte des forêts de conifères de montagne : sapinières (forêt de sapins), pinèdes (forêt de pins), pessières (forêt d'épicéas), souvent aussi dans les hêtraies-sapinières où sapins et hêtres poussent en mélange. On le trouve indifféremment sur terrain siliceux, acide ou calcaire.

Très précoce, l'hygrophore de mars apparaît en groupes d'individus presque accolés dès la fonte des neiges. Il faut donc le rechercher à la faveur des premiers radoucissements de la fin de l'hiver, parfois dès février, ou au tout début du printemps. Il peut être localement commun.

D'une taille respectable puisqu'il peut atteindre 15 cm de diamètre, l'hygrophore de mars n'est pourtant pas toujours facile à dénicher. En effet, il se développe sous les tapis de mousse ou les litières de feuilles qu'il boursoufle et d'où il n'émerge vraiment qu'à complète maturité. C'est pourquoi il est le plus souvent méconnu.

Comestibilité

Il est considéré comme un comestible délicat par certains, boudé par d'autres qui trouvent sa réputation un peu surfaite.

HYGROPHORE DES PRÉS

↕ 4 – 8 cm ⤢ 3 – 8 cm

Cuphophyllus pratensis

DESCRIPTION

La couleur abricot est le caractère qui décrit le mieux ce champignon.

Le **chapeau** d'abord convexe s'aplanit rapidement avec une marge retroussée à la fin ; il est épais au centre et porte un large mamelon ; la bordure du chapeau est beaucoup plus mince. La surface est lisse, sèche et mate ou un peu grasse au toucher par temps humide. La couleur abricot ne reste pas toujours aussi évidente, car elle pâlit par taches.

Les **lames** orange clair sont larges, épaisses et très espacées, comme chez tous les hygrophores. Elles sont légèrement décurrentes.

Le **pied** est assez gros et souvent plus mince à sa base. Lisse et cassant, il est d'une teinte un peu plus claire que celle du chapeau.

La **chair** épaisse au centre du chapeau est orange pâle. L'odeur agréable et la saveur douce incitent à la cueillette.

HABITAT/SAISON

L'hygrophore se rencontre dans les vieilles prairies, les prairies sèches et maigres non fertilisées, sur les bords de chemins et en lisières de bois.

C'est un champignon d'automne assez fréquent par endroits, mais globalement en voie de raréfaction. Vous le trouverez en général entre 500 et 1 500 m d'altitude.

COMESTIBILITÉ

À en croire ses amateurs, ce serait l'un des meilleurs hygrophores, à chair douce et parfumée. Il connaît même un certain succès auprès de certaines personnes, mais il n'est jamais très abondant.

HYGROPHORE ROUGE PONCEAU

6–12 cm | 8–13 cm

Hygrocybe punicea

Description

Le **chapeau,** très irrégulier, est bosselé et plus ou moins mamelonné, brillant, d'une magnifique couleur rouge sang, qui pâlit par temps sec ainsi qu'avec l'âge et devient orangé, puis jaunit ; la marge se fendille assez rapidement.

Le **pied** variable, robuste ou élancé, flexueux ou torsadé, est aminci à la base ou aux deux extrémités, devenant creux, de couleur un peu moins vive que celle du chapeau, variant du jaune au rouge, sauf la base qui reste blanche.

Les **lamelles** espacées, épaisses, alternent avec des lamellules, adnées ou libres, jaune pâle à jaune-orangé, avec parfois des nuances rouge sang.

La **chair,** blanche ou nuancée de jaune ou de rosé, est mince et très fragile, avec une odeur faible et agréable et une saveur douce.

Habitat/saison

Il forme de petites colonies dans l'herbe des pâturages et des prairies, sur la mousse ou parmi les bruyères, sur terrain plutôt calcaire. C'est un champignon essentiellement montagnard que l'on trouve surtout dans les pâtures de haute altitude. Toutefois, il est peu commun et en voie de raréfaction. Vous le trouverez en automne, de septembre à fin novembre, voire en décembre.

Comestibilité

Comestible en général très apprécié, certains lui trouvent un goût de poulet, d'autres de cuisses de grenouille.

Confusion

Sa superbe couleur rouge alliée à sa grande taille est l'un des éléments qui vous permettront de ne pas confondre cette espèce avec une autre, les autres hygrophores de couleur rouge vif étant beaucoup plus petits.

HYGROPHORE RUSSULE

↕ 8 15 cm ⤢ 8 15 cm

Hygrophorus russula

DESCRIPTION

Le **chapeau** est hémisphérique puis convexe, charnu, pouvant atteindre jusqu'à 20 cm de diamètre ; visqueux au début, puis sec, rosâtre, il devient rapidement moucheté de rose vineux.

Les **lames** serrées et larges sont non décurrentes, blanches ou rose pâle, devenant tachées de rose vineux plus foncé.

Le **pied** est gros, jusqu'à 4 cm de diamètre ; il est de la même couleur que le chapeau, parcouru de fibrilles longitudinales pourpres, granuleux au sommet.

La **chair,** pâle ou tachée de vineux, possède une odeur fuitée agréable, de saveur douce ou un peu amère.

HABITAT/SAISON

On trouve ce champignon souvent en groupes sous les feuillus, tels que le chêne et le hêtre, sur sol calcaire, en été et en automne. Il est assez fréquent dans les régions méridionales.

COMESTIBILITÉ

Malgré sa saveur parfois un peu amère, l'hygrophore russule est très recherché dans le sud de l'Europe.

Laccaire améthyste

↕ 4 – 10 cm ⤢ 3 – 7 cm

Laccaria amethystina

Description

Comme son nom l'indique, ce champignon est entièrement violet améthyste, mais d'une teinte mate et beaucoup plus saturée que la pierre dont il porte le nom. Si le temps devient trop sec, le **chapeau** devient plus clair, ocre clair, voire blanchâtre. Les **lamelles** sont très espacées et de longueurs très inégales, car elles sont entremêlées de nombreuses lamellules. À maturité, elles sont saupoudrées de blanc. Le **pied** est long et mince ; la partie inférieure, qui est légèrement renflée, porte un feutrage blanc violacé. Lorsque vous prélevez un champignon du sol, vous remarquerez que des feuilles mortes ou des aiguilles restent agglutinées à la base du pied.

Confusion

La **mycène pure** *(Mycena pura)*, très toxique, possède des lames serrées et plus pâles ainsi qu'une forte odeur de radis.

Habitat/saison

Ce petit champignon apparaît en groupes le plus souvent dans les forêts de feuillus, comme le hêtre, ou de conifères d'essences très diverses : sapins, épicéas, pins... ; vous ne le trouverez pas sur un sol nu, mais sur les tapis de mousse ou sur une épaisse couche de feuilles mortes ou d'aiguilles, en particulier dans les endroits très humides ; il s'installe même parfois sur les sphaignes. Vous le rencontrerez aussi bien sur des sols acides que sur des sols calcaires, et plus fréquemment en zone de colline ou de montagne, jusqu'à la limite des arbres en altitude. Il se repère aisément, car sa couleur violette contraste fortement avec son environnement. Cependant, vous devrez vous armer de patience, car sa cueillette requiert beaucoup de temps en raison de sa petite taille.

Très commun, le laccaire améthyste commence à apparaître à la fin de l'été et peut se maintenir jusqu'au début de l'hiver. Vous le trouverez dès le mois d'août en montagne, d'où il disparaîtra avec la fin du mois d'octobre ; plus bas, on peut le voir de septembre à novembre.

Comestibilité

On l'appelle aussi tout simplement « améthyste » ou encore « mousseron des bois », et il se prépare d'ailleurs de la même façon que le mousseron d'automne *(Marasmius oreades)*. Le pied en particulier demande à être éliminé, car il trop coriace. L'omelette aux améthystes notamment est surprenante par le mélange des couleurs jaune et violette.

Le laccaire améthyste est facile à repérer dans les bois en raison de sa couleur très vive. Bien qu'il soit de petite taille, vous pourrez en cueillir suffisamment si vous êtes patient, car il pousse souvent en abondance et il est peu ramassé.

Ne recueillez que les chapeaux, le pied étant immangeable car trop fibreux. Transportez-les avec précaution parce qu'ils sont fragiles ; en effet, ils s'écrasent et s'émiettent facilement, si vous n'y prenez pas garde.

Laccaire laqué

↕ 5 – 10 cm ⤢ 2 – 4 cm

Laccaria laccata

Description

Le **chapeau** hémisphérique devient convexe et déprimé au centre, la bordure restant longtemps rabattue vers le bas. Il est de couleur rousse, rose-orangé ou brun-orangé, pâlissant par sécheresse et par vieillissement ; la surface est mate, lisse ou un peu granuleuse. Les **lames** brun rosé sont espacées. Le **pied** mince et élastique est brun-rouge à fibrilles blanches. La **chair** est blanchâtre à brunâtre selon l'état d'humidité, avec une odeur faible et une saveur douce.

Habitat/saison

Fréquent, on le trouve dans les forêts de feuillus le plus souvent, les taillis, parfois sous les conifères, en fin d'été et en automne.

Comestibilité

C'est un assez bon comestible.

Confusions

Il existe plusieurs variétés ou espèces proches du laccaire laqué peu faciles à distinguer entre elles. La **mycène pure** *(Mycena pura)* et la **mycène rose** *(Mycena rosea)* (ci-dessous), très toxiques, possèdent des lames plus serrées, un pied en massue (plus épais vers le bas) ainsi qu'une forte odeur de radis.

Lactaire à lait abondant

5–15 cm (hauteur) · 5–15 cm (diamètre)

Lactarius volemus

Syn. fr. : vachotte

Description

Le **chapeau** est convexe, puis se creuse au centre en gardant la marge enroulée ; sa surface finement veloutée ou lisse est de couleur uniforme, abricot, orangé ou fauve orange, parfois plus foncée au centre.

Les **lames** sont crème, puis tachées d'ocre brun.

Le **pied** est de la couleur du chapeau, jaunâtre dans le haut.

La **chair,** ferme et blanche, brunit localement à l'air et produit un lait très abondant, blanc ; elle est de saveur douce et d'odeur plutôt désagréable.

Habitat/saison

Ce champignon pousse dans les bois de feuillus (hêtres) ou de conifères, en été et en début d'automne. Il est assez peu fréquent, car il est en régression.

Comestibilité

Recherché par endroits, le lactaire à lait abondant est diversement apprécié, notamment en raison de son odeur peu agréable de caoutchouc puis de poisson fumé en vieillissant.

Lactaire couleur de suie

↕ 5 9 cm ⤢ 4 7 cm

Lactarius lignyotus

Description

Le **chapeau,** de taille plutôt moyenne, convexe-aplani, porte un petit mamelon pointu. La surface, mate et veloutée, ridée, apparaît intensément grise, couleur de suie. La marge reste longtemps retroussée. Les **lames,** assez espacées, irrégulièrement fourchues, légèrement décurrentes, d'une blancheur immaculée, contrastent de manière saisissante avec la couleur sombre du champignon. À maturité, elles se teintent de crème et se maculent de rougeâtre au niveau des blessures. Le **pied,** tout aussi foncé que le chapeau, allongé et irrégulier, est plissé ou ridé tout au sommet juste sous les lames. La **chair,** blanche et peu dense, presque cotonneuse, libère un lait blanc à la cassure. Longtemps immuable, ce lait vire très lentement au rougeâtre, parfois au bout de plusieurs heures.

Habitat/saison

Le lactaire couleur de suie abonde à l'automne en montagne, sur un sol acide ou siliceux, dans les tourbières de l'étage subalpin ou dans les forêts d'épicéas jusqu'à 2 000 m environ.

Comestibilité

Très diversement apprécié, ce champignon à la saveur douce est quelquefois réputé excellent. Certains le préfèrent même au lactaire délicieux.

Lactaire de l'épicéa

↕ 5 / 10 cm ⤢ 4 / 12 cm

Lactarius deterrimus

Confusions

On ne peut confondre ces lactaires à lait rouge qu'entre eux. Il n'y a pas de lactaire toxique à lait orange ou rouge. Au pire, vous tomberez sur une espèce insipide ou peu agréable.
Il ressemble au vrai **lactaire délicieux** *(Lactarius deliciosus)* avec lequel il est très souvent confondu. Cependant le lactaire délicieux verdit moins et le pied n'a pas de cercle blanc sous les lames. Ce pied est en outre marqué de petites fossettes brun-rouge ; il ne pousse que sous les pins.

Description

Le **chapeau** devient vite aplani puis creusé, orangé vif, mais vite maculé de vert sale, peu marqué des cercles concentriques qui caractérisent d'autres lactaires du même groupe. Les **lames** sont serrées, ocre orangé, verdissant comme le chapeau aux blessures ou avec l'âge. Le **pied** est de la même teinte que le chapeau, verdissant aussi et marqué d'un cercle rouge sous les lames. La **chair** est pâle, orange carotte à la périphérie, vite vermoulue ; elle dégage une odeur de carotte.

Habitat/saison

C'est un lactaire fréquent d'août à novembre dans les forêts d'épicéas de montagne.

Comestibilité

On l'appelle souvent par erreur « lactaire délicieux », on le récolte et le consomme en tant que tel. Le lactaire délicieux est cependant un bien meilleur comestible que le lactaire de l'épicéa qui possède une saveur piquante ; on l'appelle d'ailleurs aussi lactaire détestable !

Lactaire délicieux

↕ 4 – 10 cm ⤢ 5 – 12 cm

Lactarius deliciosus

Description

Le **chapeau** a une bordure enroulée vers le bas avec une légère dépression au centre ; ce n'est que tardivement qu'elle se relèvera complètement. Sur la surface du chapeau orangée ou rougeâtre se dessinent quelques cercles concentriques plus foncés. Les **lames** sont orange vif chez les jeunes sujets, mais elles se tachent de verdâtre aux endroits lésés ou avec l'âge. Le **pied** est creux et porte de petites dépressions plus foncées qui contrastent avec le fond blanchâtre ou orangé pâle. Tout le champignon devient taché de verdâtre avec l'âge. La **chair** est cassante, orange à la périphérie, et laisse s'écouler un latex orange carotte.

Habitat/saison

Le lactaire délicieux se trouve sous les pins, en particulier le pin sylvestre et le pin maritime, mais il pousse aussi sous toutes les autres espèces de pin, excepté le pin à crochet sous lequel il ne semble pas avoir été aperçu jusqu'à présent. On le rencontre dans une forêt de feuillus mêlés à des pins. Peu exigeant sur le sol, il pousse aussi bien en terrain sec qu'en sol plus humide, et aussi bien sur un sol acide que sur un sol calcaire. Regardez plus précisément les lieux herbeux et ne négligez pas les bosquets et leur bordure dans les pâturages.

Le mois le plus propice pour trouver cette espèce est octobre. Dans les régions plus fraîches, vous pourrez commencer à le voir à la fin de l'été. Dans le Midi, les ramasseurs font encore de belles récoltes en novembre. Nénmoins, les températures froides auront tôt fait de le faire disparaître.

Comestibilité

Le lactaire délicieux est un bon comestible dont la chair est croquante. On prépare souvent les jeunes exemplaires au vinaigre comme les cornichons.

Lactaire sanguin

5–10 cm (hauteur) | 5–12 cm (diamètre)

Lactarius sanguifluus

Description

Le **chapeau** est de couleur moins vive que celui du lactaire délicieux (voir p. 109) et non marqué de cercles concentriques. Les **lames** sont ocre ou teintées de rougeâtre mais ternes, se tachant de brun-violet au froissement. Le **pied** pruineux, rose-orangé, est parsemé de fossettes rouge vineux sombre, ayant tendance à verdir à l'instar de l'ensemble du champignon. La **chair** libère un lait rouge sombre, qui verdit lentement par la suite.

Habitat/saison

On trouve le lactaire sanguin sous les pins sur sol calcaire, souvent le pin d'Alep et le pin parasol, surtout dans les régions méditerranéennes.

Ce lactaire apparaît vers la fin de l'été jusqu'au début de l'hiver.

Comestibilité

Il s'agit d'un excellent comestible, le plus délicieux des lactaires. Le chapeau, renversé sur le gril, saupoudré d'ail, de poivre, de sel et d'un filet d'huile : une recette aussi simple que délicieuse !

Confusions

Deux autres espèces également comestibles lui ressemblent. Le **lactaire semi-sanguin** *(Lactarius semisanguifluus)* est de taille généralement plus petite ; il exsude un lait orange vif, qui vire au vineux après quelques minutes et verdit rapidement et fortement après. Le **lactaire vineux** *(Lactarius vinosus)* est une autre espèce méditerranéenne, dépourvue de teinte orange. Son pied est plus pâle et ses lames sont lilas violet.

Lépiote déguenillée

↕ 12 – 20 cm ⤢ 6 – 15 cm

Macrolepiota rhacodes

Description

Le **chapeau** est comme ébouriffé ; il est en effet recouvert de grandes écailles retroussées, beiges à marron pâle, disposées sur un fond un peu plus clair. Les **lames,** serrées, épaisses, crème ou blanc sale, se piquent de rouge aux blessures avec le temps. Le **pied** est lisse, ceinturé d'un anneau épais, à bordure dentée ; la base est brusquement dilatée en un bulbe arrondi et volumineux. La **chair** devient orange safran immédiatement après avoir coupé le champignon, ou seulement en grattant le pied avec l'ongle, puis elle vire au rouge foncé.

Habitat/saison

Cette lépiote pousse isolément ou en bandes sous les sapins pectinés, les sapins de Douglas (communément appelés « douglas ») ou les épicéas, plus rarement sous les feuillus. Elle se tient sur les lisières, davantage qu'à l'intérieur de la forêt, parfois dans les parcs et les jardins. Plus précisément aux endroits riches en humus, là où les aiguilles s'accumulent, sous les tas de branchages laissés par les forestiers.

On peut trouver ce champignon dès le mois d'août et pendant la première moitié de l'automne.

Comestibilité

Bien que son aspect ne soit pas des plus tentants, la lépiote déguenillée est un bon champignon, au même titre que la lépiote élevée (voir p. 112). Comme pour toutes les lépiotes, le pied doit être éliminé car il est coriace.

Confusion

Sur les lieux ouverts riches en éléments nutritifs, comme les composts ou les jardins, il existe une lépiote de grande taille, semblable, qui provoque des indigestions, la **lépiote vénéneuse** *(Macrolepiota venenata)*, pourvue d'un bulbe énorme. Aussi vaut-il mieux ne cueillir ce champignon qu'en milieu strictement forestier.

Lépiote élevée

5–40 cm | 10–30 cm

Macrolepiota procera

Syn. fr. : coulemelle, grande lépiote

Description

Le **chapeau** d'abord ovoïde s'étale pour devenir finalement plat, mais il conserve presque toujours un mamelon au centre ; le fond blanc crème est entièrement couvert d'un chevelu de mèches grisâtres et de plaques brunes, brun-rouge ou brun plus sombre, assez espacées vers la périphérie, mais de plus en plus resserrées vers le centre, qui est uniformément brun-roux. Les **lames** sont serrées, très larges, libres, souples, restant longtemps bien blanches, puis ternissant en crème sale sur la fin. Le **pied** est plus long que le diamètre du chapeau, droit, légèrement épaissi de haut en bas, fibreux, devenant vite creux, mais demeurant très rigide, à surface striée en zigzag comme la peau d'un serpent, plus grossièrement vers le bas ; l'anneau important est très épais et laineux, double, pouvant coulisser sur le pied comme une bague ; gros bulbe blanc. La **chair** est mince, molle, blanche ; son odeur est faible et elle a une saveur douce de noisette.

Habitat/saison

La lépiote élevée est un champignon extrêmement fréquent en bordure des prés, le long des haies, des clôtures, en bordure de bois, parmi les herbes des trouées forestières, dans les landes herbeuses. Cherchez-la parmi les fougères basses des prairies peu entretenues, ou parmi les herbes hautes des bordures de bois ou de haies, ou encore sur les talus des routes, adossés à une haie. Elle pousse sur des sols acides et souvent en troupes. Bien qu'on la trouve parfois en montagne, elle est plus fréquente en dessous de 1 500 m. C'est un champignon qui n'a rien de très discret et sa récolte ne pose aucun problème : dans les endroits dégagés où elle pousse, elle est très facile à repérer.

La lépiote élevée pousse exclusivement en été et en automne, plus exactement de fin août à fin octobre, quelquefois jusqu'au début de novembre. Mais on ne la voit presque jamais en fin d'automne.

Comestibilité

C'est un très bon comestible. Seul le chapeau est à consommer, le pied étant trop coriace. Lorsque le chapeau est étalé, la chair a tendance à devenir plus élastique. Dans certaines régions, on le prépare alors comme des escalopes panées.

La lépiote élevée est l'un des champignons les plus populaires et l'un de ceux qui possèdent le plus de noms vernaculaires. Chaque région a le sien propre : coulemelle, chevalier bagué, cocherelle, « Saint-Michel », nez de chat, etc.

Confusions

La **lépiote vénéneuse** *(Macrolepiota venenata)* possède un très gros bulbe marginé, souvent excentré, et une chair qui rosit rapidement au toucher ou à la coupe (puis elle devient brunâtre).

Toutes les petites lépiotes, dont la hauteur ne dépasse pas 10 cm, sont à éviter. La plupart sont toxiques, notamment : **lépiote de Josserand** *(Lepiota josserandii)*, **lépiote crêtée** *(Lepiota cristata)* (ci-contre) et **lépiote brun lilacin** *(Lepiota brunneolilacina)*.

Lépiote excoriée

8 – 12 cm | 5 – 12 cm

Macrolepiota excoriata

Syn. fr. : petite coulemelle

Description

Le **chapeau,** hémisphérique ou conique, est faiblement ou non mamelonné, brun pâle quasiment uniforme au tout début, morcelé ensuite en larges plaques sur un fond blanchâtre, sauf au centre qui reste brun pâle uni ; la marge est frangée.

Les **lames** sont larges et blanchâtres.

Le **pied,** lisse et blanc, n'est pas plus long que le diamètre du chapeau, à base renflée en petit bulbe ; l'anneau simple est blanc, mais teinté de brun pâle sur la bordure, conique et ascendant, puis coulissant sur le pied avec l'âge.

La **chair** blanche est immuable ; l'odeur faible, la saveur douce.

Habitat/saison

On la trouve en groupes dans les prairies sèches, les pâturages, les bordures de bois, en fin d'été et en automne. Commune dans certaines régions comme l'est et la moitié sud de la France.

Comestibilité

Bon comestible dont le pied trop fibreux est à rejeter. Souvent confondue avec la lépiote élevée, sans que cela prête à conséquences.

Confusions

Les mêmes que celles de la lépiote élevée (voir p. 111).

Lépiote pudique

↕ 5 – 10 cm   ⤢ 5 – 10 cm

Leucoagaricus leucothites
Syn. fr. : colombette

Description

Le **chapeau** est hémisphérique, puis convexe, blanc, lisse, soyeux. Les **lames** restent longtemps blanches, puis rosées ou gris rosé à la fin. Le **pied** blanc est renflé à la base en un petit bulbe globuleux, orné d'un anneau peu développé, coulissant aisément sur le pied. La **chair** est blanche et ferme, épaisse dans le chapeau ; l'odeur et la saveur ne sont pas caractéristiques.

Habitat/saison

On la rencontre dans les prés, les parcs, les jardins, sur les bords des routes. Elle est assez commune de l'été à l'automne.

Comestibilité

Les ramasseurs de rosés-des-prés cueillent souvent cette espèce par mégarde, mais cela reste sans conséquence, car elle est également comestible. C'est même un bon comestible, bien que sa chair soit peu parfumée.

Confusions

Les risques de confusion avec des amanites mortelles sont importants. L'**amanite phalloïde** *(Amanita phalloides)* (photo p. 140), l'**amanite vireuse** *(Amanita virosa)* et l'**amanite printanière** *(Amanita verna)* ont toutes une volve à la base du pied.
En outre, toutes les amanites sont des champignons forestiers.

MARASME DES ORÉADES

↕ 3 – 10 cm ⤢ 2 – 7 cm

Marasmius oreades

Syn. fr. : faux-mousseron ou mousseron

DESCRIPTION

Le **chapeau** de 2 à 7 cm diamètre est lisse, conique, avec un sommet arrondi, puis il s'étale largement ; cependant, il conserve toujours un large mamelon central et la marge devient grossièrement striée. Hygrophane, il est de couleur cuir ou ocre roux par temps humide et pâlit vers les tons beiges par temps sec.

Les **lames** sont nettement espacées et épaisses, ventrues, entrecoupées de lamelles plus petites, pâles, puis se colorant comme le dessus du chapeau.

Le **pied** long, mince et rigide présente la particularité de pouvoir subir plusieurs torsions sans se rompre. Il est de même couleur que le chapeau ou plus pâle.

La **chair** blanche est épaisse seulement au centre ; elle exhale une odeur forte et caractéristique d'amande amère.

HABITAT/SAISON

Le marasme des Oréades est très commun depuis la plaine jusqu'à l'étage subalpin, dans les pâturages, les prairies anciennes, les pelouses de parcs, parmi l'herbe des bords de routes, dans lesquels il forme souvent des cercles imbriqués, des lignes ou de petites troupes. Il ne pousse presque jamais isolé et témoigne une préférence pour les sols sableux ou sablo-argileux.

Ce champignon peut fructifier plusieurs fois par an, de mai à octobre, mais très souvent après une pluie sur un sol chaud. Le mousseron pousse très vite, en 2 ou 3 jours, mais disparaît aussi très vite si le sol est insuffisamment pourvu en eau, jusqu'à l'averse suivante.

Comestibilité

Le mousseron est l'un des champignons les plus connus, les plus appréciés et les plus ramassés. Il faut dire qu'il est très aromatique et que, pour cette raison, on le cuisine surtout en omelette ou dans des sauces.

Le pied coriace doit être coupé juste sous le chapeau. Pour cela, pincez le pied sous le chapeau entre le pouce et l'index, ou coupez-le avec une paire de ciseaux.

Bien qu'excellent il doit être consommé avec modération, car il renferme de faibles doses d'acide cyanhydrique et peut se révéler indigeste lorsqu'il est consommé en trop grande quantité.

Sa conservation est des plus simples, car c'est le champignon le plus facile à faire sécher et son arôme devient même plus fort dans cet état. On peut alors soit le faire revenir, après l'avoir réhydraté pendant quelques heures, et le cuisiner comme les champignons frais, soit le réduire en poudre pour parfumer sauces ou soupes.

Confusions

Les petits clitocybes de couleur blanche ou un peu rousse, toxiques, poussent dans l'herbe parfois au côté du marasme des Oréades, et des espèces toxiques peuvent se retrouver dans le même panier si l'on n'y prête pas suffisamment attention. Les clitocybes, tel le **clitocybe blanchi** *(Clitocybe rivulosa)* (en haut), possèdent des lamelles beaucoup plus serrées et blanches, alors que celles du mousseron sont teintées de la couleur du chapeau. Le **marasme des collines** *(Marasmius collinus)* est moins toxique, mais plus ressemblant, et il pousse parfois en compagnie du mousseron. Il possède des lames serrées et minces, une odeur d'ail et surtout un pied cassant.

MORILLE commune

↕ 5 – 15 cm ⌀ 3 – 7 cm

Morchella esculenta

Syn. fr. : morille blonde

Confusion

La **gyromitre dite comestible** *(Gyromitra esculenta)* est un champignon mortel. Elle possède un chapeau en forme de cervelle (photo p. 118). La gyromitre était autrefois consommée et même très réputée ! Très variable, la morille commune englobe probablement plusieurs variétés ou formes, dans lesquelles certains mycologues voient des espèces différentes.

Description

Le **chapeau,** ovoïde ou conique, est composé de côtes épaisses et sinueuses, délimitant des alvéoles très profonds, qui le font ressembler à une éponge. Les parois des alvéoles portent souvent des rudiments de cloisons transversales. Il est d'une couleur grisâtre, gris ocre ou gris-brun, plus claire sur les arêtes.

Blanc ou teinté d'ocre, le **pied** est renflé à la base.

La **chair** est mince et fragile ; l'intérieur du pied et du chapeau est creux et forme une même cavité.

Habitat/saison

Les types d'habitats sont très variés. Ses milieux de prédilection sont les bois humides et frais de feuillus : surtout sous les frênes, mais aussi sous les peupliers, les saules ou les noisetiers, en bordure de haies de ces mêmes arbres. On la trouve aussi dans les vergers de pommiers peu entretenus, les anciens sites d'incendie, les terrains vagues, les terres remuées.

La morille commune pousse plus couramment en montagne qu'en plaine.

C'est un champignon qui n'est pas rare en avril et en mai, jusqu'à fin juin en altitude.

Comestibilité

La morille commune est toxique crue, mais un excellent comestible cuite. Elles ne doivent être consommées que bien cuites ou une fois séchées.

MORILLE CONIQUE

7–13 cm | 3–5 cm

Morchella elata

Syn. fr. : morille élevée

Description

Comme son nom l'indique, son **chapeau** est allongé vers le haut, il est conique, plus ou moins étroit. Comme toutes les morilles, il est creusé d'alvéoles comme une éponge. Ces alvéoles sont délimitées par des crêtes épaisses, plutôt orientées dans le sens de la hauteur. La couleur d'ensemble de ce chapeau peut varier du crème à l'état jeune au noir, en passant par le crème rosé, le brun pourpré, le brun olive. Les crêtes ont tendance à noircir avec l'âge. Le **pied** est beaucoup plus mince et moins long que le chapeau. Il est blanc et finement granuleux, se tachant de rouille avec l'âge. Chez toutes les morilles, l'intérieur du pied comme d'ailleurs celui du chapeau est creux. Pied et chapeau sont raccordés de façon à former une gouttière circulaire. La **chair** a une consistance un peu élastique et un discret parfum fruité sur les champignons frais.

La morille conique renfermerait en fait plusieurs variétés ou formes suivant la nature du sol ou les espèces végétales qui lui sont associées.

Habitat/saison

La morille conique est la plus précoce des morilles. C'est au mois de mars ou d'avril que l'on a le plus de chances de la trouver. Cependant, certaines années, elle est là dès février. C'est une espèce plutôt montagnarde (entre 500 et 1 500 m).

Elle apparaît sous les conifères (sapins, épicéas, pins sylvestres), mais aussi sous le frêne, souvent sur des sols nus ou des sols remués. Véritable aubaine pour le ramasseur, elle forme souvent des bandes renfermant des dizaines, voire des centaines d'individus.

Il est intéressant de noter que cette morille, à l'inverse des autres, est fidèle à ses lieux de pousse. Vous avez de fortes chances de la retrouver tous les ans à la même place. Reste à savoir quand exactement...

Comestibilité

Les cueilleurs de morilles vous le diront : il n'existe de véritable morille que la morille « noire », celle qui pousse en montagne ; ils dédaignent quelque peu la morille « jaune », celle qui pousse plus bas, en plaine. Sans vouloir trancher sur ce jugement, force est de reconnaître que c'est un excellent champignon.

Comestibles très délicats et très recherchés, les morilles peuvent être préparées de diverses façons, mais toujours cuites. Il est conseillé de ne cuisiner que des exemplaires bien frais et jeunes, car la chair des morilles se détériore vite en prenant une odeur repoussante.

On peut laisser les petits individus entiers et couper les autres en deux dans le sens de la longueur, ou en morceaux plus petits.

Les morilles renferment des substances toxiques qui détruisent les globules rouges (substances hémolytiques) ; ces toxines sont détruites par la chaleur. C'est la raison pour laquelle on ne doit jamais consommer ces champignons crus et il est même recommandé de les faire cuire assez longtemps (20 minutes).

La consistance à peine élastique et le goût délicat du champignon conviennent particulièrement aux préparations à la crème.

Abstenez-vous de consommer des morilles qui poussent au voisinage des détritus, des décharges de déchets divers.

Confusion

Les morilles ne doivent pas être confondues avec la **gyromitre dite comestible** *(Gyromitra esculenta)*, champignon mortel, qui fréquente les mêmes lieux et à la même époque. Son chapeau, qui ressemble à une cervelle brun-rouge, est au moins aussi large que haut.

MORILLON

↕ 5–15 cm ⤢ 1–3 cm

Mitrophora semilibera

DESCRIPTION

Le **chapeau,** conique et pointu, est assez petit, de 2 à 4 cm de haut. Le tiers ou la moitié inférieure du chapeau n'est pas rattaché au pied. Il est creusé d'alvéoles profonds ocre brun, séparés par des crêtes fines et plus foncées, noircissant avec l'âge.

Le **pied,** cylindrique et creux, s'élargit un peu sous le chapeau. Sa couleur blanche a tendance à se teinter d'ocre clair. Il est finement granuleux et souvent sillonné dans sa partie supérieure.

La **chair** est fragile, un peu élastique, à odeur faible et de saveur douce.

HABITAT/SAISON

Comme les morilles, le morillon pousse au printemps de fin mars à mai, dans les bosquets frais et humides, sous les ormes, les peupliers, les aulnes, les charmes, souvent en présence de ficaire, sur des sols argileux et calcaires, surtout près de l'eau.

COMESTIBILITÉ

Le morillon est toxique cru, mais bon comestible cuit. Seul le chapeau est aussi savoureux que les morilles, aux dires de certains amateurs. Aussi faut-il en cueillir d'importantes quantités pour en faire un plat. À consommer rapidement après récolte, car il se conserve très mal.

OREILLE-DE-JUDAS

4
10 cm

Auricularia auricula judae

DESCRIPTION

Champignon qui se présente en forme de coupe, sans pied, irrégulière ou en forme d'oreille.

La **face interne** est brun-rouge, d'abord lisse, qui se plisse ensuite en simulant l'intérieur du pavillon d'une oreille.

La **face externe** est finement veloutée, brun-rouge, devenant plus foncée avec l'âge, gris violacé ou gris olivâtre.

La **chair** est gélatineuse ou élastique, presque translucide, coriace en période de sécheresse ; sans odeur ni saveur particulières.

HABITAT/SAISON

L'oreille-de-Judas pousse sur les branches mortes de feuillus, essentiellement le sureau, parfois sur d'autres feuillus comme le noyer, le saule, en zones humides comme les abords de grandes rivières ; elle forme des goupes d'individus étagés ou alignés sur les branches. Elle est présente toute l'année, surtout l'hiver et le printemps.

COMESTIBILITÉ

C'est un assez bon comestible, mais un peu coriace et sans beaucoup de goût. À l'état frais, l'oreille-de-Judas doit être consommée jeune, car sa consistance a tendance à devenir cartilagineuse.

On peut la consommer crue en salade, mais elle offre encore moins d'intérêt. C'est une espèce très proche du « champignon noir », que les Chinois utilisent depuis plus de 2 000 ans, surtout sous forme séchée, en accompagnement de nombreuses préparations. Le mucilage, auquel le champignon doit sa viscosité, communique, lors de la cuisson, une certaine onctuosité aux sauces.

En Asie, il est très employé avec le riz, bien sûr, mais aussi avec les viandes, le poisson et dans les potages.

On lui attribue également en Chine des vertus médicinales. Les Européens, pour leur part, boudent ce champignon qu'ils trouvent insipide et trop coriace.

Pézize orangée

Aleuria aurantia

1 – 5 cm
2 – 10 cm

Description

En forme de coupelle, d'abord en cercle régulier, la pézize orangée s'étale par la suite en prenant un contour plus irrégulier et ondulé, en colonies d'individus comprimés les uns par les autres. La **face intérieure** est d'un magnifique orangé vif très lumineux. La **face externe,** plutôt pâle, est crème, jaunâtre ou orangée, et comme recouverte d'une très fine couche de poussière opaque qui finit par s'estomper. La **chair** mince est un peu élastique, mais se casse facilement.

Habitat/saison

La pézize orangée pousse à même le sol, sur les terres nues ou récemment remuées, les chemins caillouteux, les talus, les ornières. Elle apparaît en colonies, les individus étant accolés par petits groupes. Elle est très répandue et commune dans toutes les régions.

Présente presque toute l'année, elle se remarque surtout en automne et pendant les périodes de redoux en hiver.

Comestibilité

La pézize orangée est comestible même à l'état cru, à l'inverse de la plupart de ses proches parentes. Cependant, le goût n'est pas à la hauteur de la beauté de ce champignon, dont l'intérêt culinaire réside surtout dans l'aspect insolite et décoratif. On peut ainsi l'incorporer dans des salades, la teinte orange du champignon produisant un contraste de couleurs saisissant avec les autres ingrédients.

Confusion

Cette pézize se reconnaît très facilement à sa couleur orange vif et ne peut pas être confondue avec une autre pézize.

pézize veinée

5
20 cm

Disciotis venosa

Description

La pézize veinée est un champignon de taille très variable, en coupe aplanie ou plaqué contre le sol, parfois découpé en plusieurs lobes, avec une bordure très ondulée.

Elle est fixée au sol par un **pied** très court. La **face supérieure,** brun ocre à brun-rouge, est plissée, ridée, boursouflée, surtout au centre. La **face inférieure** est crème ou ocre pâle et sa surface est finement granuleuse.

La **chair,** cassante, mesure environ 0,5 cm d'épaisseur et dégage une forte odeur de chlore (eau de Javel) très caractéristique.

Habitat/saison

Vous trouverez la pézize veinée jusqu'à l'altitude limite des arbres feuillus, de fin mars à mai, le long des haies, dans les bosquets de frênes bordant les cours d'eau, les forêts ayant subi une coupe à blanc, particulièrement sur des sols riches en humus, humides et calcaires, souvent aux mêmes endroits que la morille commune.

Comestibilité

La pézize veinée est un bon comestible dont l'odeur désagréable d'eau de Javel disparaît à la cuisson, et ce champignon fournit alors des plats appréciables, qualitativement et quantitativement. Mais, quoique certains amateurs la préfèrent même aux morilles, elle est moins appréciée en général que les morilles.

Attention, elle doit être consommée cuite car, comme les morilles auxquelles elle est apparentée, elle est toxique crue. Cependant, son odeur devrait suffire à vous rebuter.

La cueillette de la pézize veinée n'est pas des plus aisées, parce que sa chair se casse facilement tandis que son pied ancre solidement le champignon au sol. Pensez à bien la couper à la base à l'aide d'un couteau, que vous devriez toujours avoir sur vous.

Si vous trouvez un endroit où pousse la pézize veinée, repassez-y 10 à 15 jours plus tard et vous aurez sûrement la surprise d'y découvrir des morilles blondes.

Confusion

La **pézize très large** *(Discina ancilis)* offre une coloration brune, nuancée de rougeâtre et est dépourvue d'odeur. Comestible, mais moins appréciée que la pézize veinée, elle apparaît au printemps en petites troupes dans les sous-bois de feuillus ou les sapinières, surtout en montagne.

PHOLIOTE CHANGEANTE

↕ 4 – 12 cm ⤢ 3 – 8 cm

Kuehneromyces mutabilis

Syn. fr. : agaric à soupe

DESCRIPTION

Le **chapeau** est convexe puis étalé, souvent mamelonné, charnu surtout au centre, à surface lisse ; brun roux à l'humidité, le chapeau devient de couleur jaune par temps sec, avec le centre de couleur différente du reste ; la marge très fine laisse voir les lames par transparence sous forme de stries plus sombres. Les **lames,** adnées, sont serrées, jaunâtre pâle au début, puis brun rouille à maturité. Le **pied,** souvent courbé ou sinueux, est plutôt mince, ocre jaune pâle et nettement strié au-dessus de l'anneau, en dessous brunâtre et couvert d'écailles pointues ou de petites mèches retroussées beiges, puis brunies par les spores ; l'anneau peu développé, brun roux, disparaît assez vite. La **chair** est de couleur crème, molle dans le chapeau, mais très fibreuse dans le pied ; elle possède une agréable odeur de champignon et une saveur douce.

La pholiote changeante est ainsi appelée car son chapeau, lorsqu'il passe de l'état humide à un état plus sec, présente souvent deux teintes bien différenciées : une tache claire au centre entourée d'une auréole foncée sur la bordure.

Habitat/saison

La pholiote changeante forme des touffes denses sur les vieilles souches ou les branches mortes de divers feuillus, principalement les hêtres, mais aussi certains conifères comme les épicéas.

Assez fréquente, la pholiote changeante apparaît dès le printemps et peut se maintenir jusqu'aux gelées d'automne.

N'oubliez pas de repasser régulièrement, car ce champignon pousse en abondance et parfois plusieurs fois dans la même saison sur une même souche.

Comestibilité

La pholiote changeante est un champignon comestible des plus agréables. Elle agrémente les potages et les sauces ; on l'appelle d'ailleurs parfois « agaric à soupe ». Peu connue cependant, elle est seulement ramassée par quelques connaisseurs. Seuls les chapeaux peuvent être consommés, les pieds étant trop coriaces.

Confusions

La **galère marginée** *(Galerina marginata)* (photo ci-dessus) provoque le même type d'empoisonnement que l'amanite phalloïde et elle est mortelle si elle est consommée en grande quantité. Elle pousse en troupes, mais non en touffes. Elle possède un pied tout au plus strié de fibrilles mais non écailleux. Cependant, cette confusion demeure très rare, en raison du peu de personnes récoltant la pholiote changeante et de la relative rareté des galères.

L'**armillaire couleur de miel** *(Armillaria mellea)* est un champignon plus volumineux et son chapeau est écailleux.

PHOLIOTE DU PEUPLIER

↕ 6 – 15 cm ⤢ 5 – 13 cm

Agrocybe aegerita

Syn. fr. : pivoulade, « peuplier »

DESCRIPTION

Champignon qui pousse en touffes denses, au **chapeau** charnu, d'abord globuleux et d'un brun chaud et foncé (noisette ou couleur châtaigne), avec une marge régulière et plus pâle, puis devenant étalé et de teinte beaucoup plus claire, crème à couleur paille, avec une marge ondulée et moins charnue ; la cuticule est lisse, puis devient souvent craquelée ou fissurée avec l'âge, ou encore creusée çà et là de petites fossettes.

Les **lamelles** sont très serrées, fines et à peine décurrentes par un filet sur le pied, d'abord crème, se teintant de brun à maturité.

Le **pied** est long, jusqu'à 15 cm, courbé, cylindrique, ferme, plein et fibreux, blanc et soyeux, puis se maculant d'ocre ou de brunâtre avec l'âge ; l'anneau ample est épais, blanc puis brunissant à l'émission des spores.

La **chair** ferme, compacte et blanche, devient coriace avec l'âge dans le pied ; son odeur est difficile à définir, ressemblant à une « odeur de fond de tonneau », ou d'après certains, une saveur agréable de noisette.

Habitat/saison

Son habitat typique est la souche de peuplier sur laquelle elle forme des touffes volumineuses ; elle s'installe aussi à la base des troncs morts et parfois encore vivants, ou bien encore sur de grosses branches au niveau des blessures. Si vous la trouvez au sol, c'est qu'elle a élu domicile sur les racines d'une souche ou d'un arbre proche, mais qui peut être situé à plusieurs mètres. Son arbre préféré est le peuplier, toutefois elle admet également d'autres essences, comme les saules, et plus rarement les sureaux. Cette pholiote est plus fréquente dans le Midi ou dans les régions à climat doux.

Vous remarquerez sans peine ses gros amas du printemps à l'automne (de début mai jusqu'aux derniers beaux jours de l'automne) et même en hiver dans les régions à climat doux. Elle apparaît plusieurs fois au cours de l'année sur le même lieu, si les conditions de température et d'humidité surtout lui sont favorables.

La pholiote du peuplier réapparaît presque immanquablement tous les ans sur la même souche jusqu'à ce qu'elle ait complètement dégradé le bois et ce, plusieurs fois au cours de la saison ; n'oubliez pas d'aller régulièrement visiter de telles souches.

Confusion

Vous trouverez sur la tranche des peupliers abattus un autre champignon, la **pholiote destructrice** *(Hemipholiota populnea)*, dont le mycélium pénètre la surface de coupe des troncs de peupliers et provoque leur pourriture. D'aspect massif, il présente un chapeau épais et un pied robuste, l'ensemble étant beige, méchuleux, comme parsemé d'un coton blanchâtre. Cette espèce, à odeur forte et à saveur très amère, est inconsommable.

Comestibilité

C'est un comestible d'excellente qualité, très recherché surtout dans le Midi, où on la connaît sous le nom de « pivoulade ». Une souche de peuplier peut se montrer particulièrement prolifique, ce qui permet de remplir rapidement son panier.

La chair à saveur délicate, croquante sous la dent, est toujours très appréciée. Vous prendrez soin de rejeter les pieds trop fibreux des individus âgés. Chez les jeunes, ce pied peut être consommé.

PHOLIOTE RIDÉE

8–15 cm | 6–12 cm

Cortinarius caperatus (Rozites caperata)

DESCRIPTION

Le **chapeau** est de taille moyenne, typiquement ridé-cannelé. D'abord globuleux, puis convexe, il reste mamelonné même lorsqu'il s'étale et devient un peu creusé. Il est charnu, surtout au centre. La surface est nettement marquée de rides rayonnantes, irrégulières et sinueuses, proéminentes. Une pruine blanchâtre la saupoudre chez les jeunes exemplaires ; lorsqu'elle disparaît avec l'âge, la couleur jaune paille ou jaune-brun du chapeau se dévoile. La marge est distinctement cannelée.

Les **lames,** serrées et adnées, sont denticulées sur l'arête. Jaune clair au début, elles prennent une teinte ocre et brunissent à maturité.

Le **pied,** robuste mais élancé, cylindrique, est plein et fibreux. Il porte un anneau membraneux, persistant, strié sur le dessus. Blanchâtre ou crème, il se teinte d'ocre avec l'âge.

La **chair,** mince, sauf au niveau du mamelon, tendre et fragile, est blanchâtre à crème, se nuançant de violet sous le revêtement. Elle exhale un parfum faible, mais agréable, et possède une saveur douce.

HABITAT/SAISON

Elle croît dans les bois de feuillus, surtout sous les hêtres, et dans les bois de conifères, sous les épicéas notamment. Il faut la rechercher en terrain siliceux où elle apparaît en grandes troupes et fructifie, assez communément, en été et en automne. Elle est plus fréquente en zone de moyenne montagne.

COMESTIBILITÉ

La pholiote ridée constitue un très bon comestible à chair tendre, avec une saveur douce et un parfum délicat. Mais il faut la récolter jeune, avant qu'elle ne devienne la proie des larves. Son pied, fibreux, sera éliminé.

PIED-BLEU

6
12 cm

5
15 cm

Lepista nuda

DESCRIPTION

Le **chapeau** est épais, à marge fortement enroulée au début, très lisse (comme gras lorsque l'on passe le doigt dessus), légèrement hygrophane, lilas ou bleu-violet, devenant marron-roux sous la pluie, et plus foncé au centre, à maturité.

Les **lames** sont serrées, d'une belle couleur bleu-violet, puis elles brunissent. Plus ou moins échancrées, elles sont facilement séparables du reste du chapeau.

Le **pied** est épais, épaissi en bulbe à la base, plein, bleu-violet clair, à fibrilles argentées ou d'aspect pelucheux.

La **chair** est bleue, tendre dans le chapeau, fibreuse dans le pied, et elle dégage une odeur fruitée ou un parfum de violette.

Habitat/saison

Le pied-bleu est présent dans toutes les régions, en plaine comme en montagne, aussi bien dans les bois de feuillus (hêtres, châtaigniers...) que de conifères, surtout sur les bordures, le long des haies ou des chemins, toujours sur la litière de feuilles ou d'aiguilles mortes, où il forme des cercles ou des troupes de plusieurs individus. Il montre une préférence marquée pour les sols franchement acides ou neutres.

Parfois, il pousse à proximité du marasme des Oréades *(Marasmius oreades)*, dans les pâturages peu éloignés des arbres.

Très commun, c'est l'un des tout derniers champignons de la saison, venant en milieu ou en fin d'automne, et pouvant faire des apparitions jusqu'au début de l'hiver à l'abri du gel. Cependant, on peut le voir en altitude presque toute l'année, si les conditions sont fraîches et humides.

Comestibilité

C'est un très bon comestible, dont la chair épaisse, de saveur parfumée et de consistance moelleuse, plaît beaucoup aux gastronomes, bien que certains lui trouvent un goût trop prononcé. Dans ce cas, on peut conseiller de le blanchir ou bien de le mélanger à d'autres champignons moins parfumés. Il est excellent dans des sauces à base de crème et avec des viandes blanches.

Il semblerait que certaines personnes le supportent mal. De toute façon, il est indigeste cru et nécessite une cuisson prolongée.

La base du pied, trop fibreuse, est à éliminer, surtout si les exemplaires ne sont plus très jeunes.

Confusions

Quelques cortinaires à pied trapu et de couleur bleutée ou violacée peuvent lui ressembler, tel le **cortinaire purpurescent** *(Cortinarius purpurascens)* (photo ci-dessous), mais ils possèdent une cortine et une sporée rouille qui colorent les lames ainsi que certaines zones du pied. De toute façon, aucun n'est toxique.

Plusieurs espèces de champignons sont apparentés au pied-bleu. Ils ont tous besoin d'une période de froid pour apparaître. Suivant leur écologie, on peut les classer en deux groupes :

– les espèces des bois, telles que *Lepista nuda* et *Lepista glaucocana* ;

– les espèces des prairies, telles que *Lepista saeva, Lepista sordida.*

PIED-DE-MOUTON

↕ 5 – 10 cm ⤢ 3 – 15 cm

Hydnum repandum

Syn. fr. : langue-de-bœuf

Description

Le **chapeau** est épais, bosselé, dissymétrique, avec une marge d'abord enroulée qui devient ensuite sinueuse et lobée. La surface est crème, blanc-jaune tendant à roussir, et veloutée. La **face inférieure** du chapeau porte des aiguillons blancs, serrés, mais fragiles, facilement séparables du chapeau, roussissant au toucher et avec l'âge. Le **pied** est épais et cassant, souvent excentré, parfois déformé et très gros. La **chair** blanche, épaisse et compacte, roussit à l'air en quelques heures. De saveur douce ou légèrement piquante, elle devient un peu amère chez les individus âgés.

Habitat/saison

Le pied-de-mouton est très commun partout. Il déploie ses cercles ou ses lignes dans les bois de feuillus, surtout de chênes et de châtaigniers, ou de conifères, sans témoigner de préférence particulière quant à la nature du sol. C'est sous les hêtres (souvent appelés « fayards ») que vous trouverez les plus gros exemplaires.

Sa saison principale est l'automne, et particulièrement octobre et novembre. Il peut cependant se montrer dès l'été et perdurer jusqu'en hiver, dans les régions où les gelées ne sont pas trop fortes.

La couleur blanche du pied-de-mouton pourrait faire croire que c'est un champignon facile à voir dans la nature. Cela n'est pas toujours vrai, car il a tendance à rester bien enfoui sous la mousse, où il demeure alors complètement invisible. Mais il est bien rare que, lorsqu'une troupe de pieds-de-mouton est présente, nos yeux ne s'arrêtent pas sur un individu qui dépasse la strate de la mousse, trahissant ainsi la présence de tous les autres : il suffit ensuite de bien regarder autour de ce premier indice pour découvrir ses congénères alignés à la queue leu leu ou le plus souvent disposés en ronds plus ou moins larges.

Comestibilité...........

Le pied-de-mouton est un très bon comestible à chair ferme et croquante, rarement véreux et très peu attaqué par les limaces. C'est un champignon d'autant plus intéressant qu'on peut le trouver à une période où la plupart des autres espèces ont disparu.

Si certains le jugent excellent, d'autres lui trouvent une saveur trop amère. Pour masquer cette amertume, les recommandations sont diverses : jeter l'eau rendue au début de la cuisson, enlever les aiguillons ou encore le faire cuire avec un peu de sucre. Le premier procédé est celui qui recueille le plus de suffrages.

De toute manière, il vaut mieux ne récolter que des individus jeunes. Les plus âgés, et plus encore s'ils ont subi le gel, prennent une consistance tenace et développent un goût amer.

La cuisson doit être assez longue : 30 minutes environ. On prépare les pieds-de-mouton seuls, sautés à la poêle, en omelette ou en accompagnement d'un plat de viande. On peut également les cuisiner à la crème ou les incorporer à une sauce. Les plus petits seront avantageusement préparés au vinaigre, comme des cornichons, et utilisés comme condiment.

Enfin, les années où ils poussent en abondance, on peut fort bien les faire sécher pour les conserver ou les mettre dans des bocaux et les stériliser.

La congélation est à déconseiller, car elle rend les champignons amers.

Confusion

Moins fréquent, l'**hydne roussissant** *(Hydnum rufescens)* est parfois considéré comme une simple variété. Le chapeau est plus petit, de 3 à 6 cm de diamètre, moins charnu et beaucoup plus roux ou fauve. Le pied est central et plus grêle. Les aiguillons sont plus gros et ne sont jamais décurrents. Il pousse surtout dans les bois de conifères de montagne, parfois en mélange avec le pied-de-mouton. Il est toutefois moins estimé que lui.

Pied-violet

Lepista saeva

↕ 5 – 10 cm ⤢ 5 – 12 cm

Description

Le **chapeau** est très épais et charnu, d'abord bien convexe avec la bordure enroulée vers le bas à l'état jeune ; il présente une surface particulièrement lisse. Le chapeau varie de beige clair à ocre clair ou brun pâle ; « café-au-lait » est une teinte qui le décrit assez bien. Les **lamelles** ont les mêmes tons que ceux du chapeau, en plus pâle. En particulier, elles ne montrent pas de bleu ou de violet. Le **pied** est assez court et épais, coloré de bleu-violet ou de violet améthyste, mais il a tendance à ternir un peu avec l'âge. Sa base est un peu bulbeuse. Il est strié de fines fibrilles. À l'inverse de son cousin qui pousse dans les bois, le pied-bleu des prés, il n'a aucune trace de violet ou de bleu sur le chapeau ou les lames.

Habitat/saison

Vous trouverez ce champignon dans les prairies naturelles sèches, les prairies arborées, les vergers, les parcs. Toutefois, il est très important que ces milieux ne reçoivent pas de fertilisation, car on soupçonne les engrais chimiques d'être à l'origine de la régression de cette espèce ; elle préfère les sols calcaires ou pour le moins non acides, les terrains sablonneux. Le pied-violet pousse en cercles irréguliers, formant des groupes plus ou moins disposés en lignes. Comme il a tendance à repousser tous les ans aux mêmes lieux, repérez-les bien pour vos futures récoltes.

C'est un champignon de fin d'automne que vous ne trouverez guère avant novembre et même pendant tout l'hiver dans les régions à climat doux. Cependant, dans les régions plus froides, vous pouvez tout de même trouver le pied-violet en janvier ou en février lors des périodes de redoux. C'est donc une véritable aubaine de faire une telle trouvaille pendant cette période si avare en champignons (et surtout en champignons comestibles), de quoi vous faire patienter en attendant les premiers champignons du printemps.

Comestibilité

Parfois plus apprécié que le véritable pied-bleu lui-même, le pied-violet a beaucoup de parfum, mais la cuisson accentue son odeur un peu forte, qui peut déplaire à certains. Le goût et le parfum très prononcés se marient bien avec les gibiers : chevreuil, lapin, canard, etc.

Il est d'autant plus intéressant à récolter qu'il est hivernal et qu'il pousse donc pendant des périodes creuses. En outre, vous ne risquerez pas de trouver des espèces toxiques...

PLEUROTE CORNE D'ABONDANCE

↕ 3 10 cm ⤢ 4 12 cm

Pleurotus cornucopiae

DESCRIPTION

Ce champignon pousse en touffes. Le **chapeau,** d'abord convexe, se creuse en cornet et, pour finir, il prend souvent une forme en spatule ou de cuillère. Sa couleur varie de blanc crème à beige rosé, parfois plus foncé, ocre brun. Les **lames,** décurrentes, descendent le long du pied en se soudant entre elles, formant un réseau saillant à mailles lâches et irrégulières. Cette particularité permet de reconnaître cette espèce, notamment de la différencier des autres pleurotes. Le **pied** est assez long, ferme, courbé, central ou un peu excentré, blanc, légèrement teinté de rose à la base. Les pieds sont souvent rattachés à leur base pour former une touffe volumineuse comprenant de nombreux champignons.

HABITAT/SAISON

Le pleurote corne d'abondance est assez fréquent dans les régions méridionales et plus rare vers le nord. Tout comme le pleurote en forme d'huître, il constitue de grosses touffes denses sur les souches et les troncs morts de feuillus, plus spécifiquement les ormes autrefois (avant que ceux-ci ne soient décimés des haies de nos campagnes par une maladie), mais également les peupliers, les saules, les hêtres, les chênes, les frênes... Bien qu'il pousse sur des arbres, ce n'est pas un champignon particulièrement forestier : il se tient plutôt au bord des chemins, sur les rives des rivières, dans les allées et les parcs.

Contrairement à son cousin, le pleurote en forme d'huître, c'est une espèce frileuse, développant ses chapeaux à partir de mai jusqu'à la fin de l'été, parfois jusqu'en octobre dans les lieux bien protégés, en plaine ou dans le Midi.

COMESTIBILITÉ

Récolté jeune, ce pleurote est peut-être le meilleur des pleurotes, mais il n'est pas très fréquent.

Revenez régulièrement visiter les souches ou les troncs des arbres « productifs », car il repousse plusieurs années consécutives sur les mêmes arbres.

PLEUROTE DU PANICAUT

3–8 cm | 5–12 cm

Pleurotus eryngii

DESCRIPTION

Le **chapeau** est convexe puis étalé, mais à marge presque toujours enroulée, lisse, beige à brun. Les **lames,** assez espacées, sont décurrentes, blanc crème ou un peu roussissantes. Le **pied** est excentré ou central, courbé le plus souvent, blanc et velouté. La **chair** est assez ferme, blanche, de saveur et d'odeur agréables.

HABITAT/SAISON

Dans les prairies sèches et maigres, les terrains en friche. Il se développe sur les racines mortes du panicaut ou du chardon maritime, près des côtes, du printemps à l'automne. Il est assez fréquent dans les régions côtières et les régions méridionales.

COMESTIBILITÉ

C'est un très bon comestible. Il est très recherché dans les régions du sud, où on le nomme parfois « argouane », nom aussi attribué à un autre champignon *(Lepista luscina)*, également comestible.

PLEUROTE EN FORME D'HUÎTRE

3–10 cm | 5–15 cm

Pleurotus ostreatus

DESCRIPTION

Le **chapeau** en forme de spatule s'élargit pour prendre la forme d'un coquillage, avec une marge qui reste longtemps enroulée, à surface bien lisse, de couleur variable mais uniforme, souvent gris ardoise ou brun-gris, devenant plus clair avec l'âge. Les **lames** très décurrentes sont de couleur ivoire. Le **pied** latéral, plus ou moins courbé, est en général très court, velouté à la base. La **chair** blanche possède une odeur et une saveur agréables.

HABITAT/SAISON

Ce pleurote, assez peu fréquent, forme des touffes très compactes d'individus étagés, sur les souches ou les troncs morts de divers feuillus (peuplier, saule, chêne, etc.) ; de l'automne au début de l'hiver, ou même pendant l'hiver dans les régions méridionales.

COMESTIBILITÉ

C'est un bon comestible à récolter jeune, car il devient très souvent véreux et, en outre, il a tendance à devenir coriace avec l'âge.

POLYPORE en TOUFFES

15
50 cm

Grifola frondosa

Syn. fr. : poule-des-bois

DESCRIPTION

Ce champignon se présente sous forme de **touffes** avec de nombreux chapeaux plus ou moins imbriqués, de 2 à 7 cm de diamètre, en forme de spatule ou en demi-cercle, à surface un peu rugueuse ou fibrilleuse, brun-jaune à brun roux. Les pores, très petits, sont blancs, jaunissant avec l'âge. Le **pied** latéral, très court ou inexistant, est accolé aux voisins pour former une souche épaisse. La **chair** cassante, blanche, possède une odeur agréable lorsque le champignon est jeune.

HABITAT/SAISON

Le plus souvent, on le trouve sur les souches de chênes, mais aussi sur le charme et les hêtres, en milieu forestier ou dans les parcs. Peu fréquent, le polypore en touffes apparaît en fin d'été et en début d'automne.

COMESTIBILITÉ

Le polypore en touffes est un bon comestible, qui est assurément peu fréquent, mais un seul exemplaire peut former des touffes de plusieurs kilos.

POLYPORE SOUFRÉ

20
30 cm

Laetiporus sulphureus

Description

Ce champignon développe une masse de 40 ou 50 cm de large, entièrement jaune vif, perché à quelques mètres de hauteur sur une branche ou un tronc d'arbre. Complètement dépourvu de pied, le polypore soufré est en fait composé de plusieurs **chapeaux** superposés ou côte à côte, épais et charnus, de 1 à 4 cm d'épaisseur, formant un ensemble qui peut peser plusieurs kilos. La couleur jaune-orangé à rose-orangé des jeunes individus devient jaune soufre vif, puis plus pâle par la suite, crème rosé et enfin paille sale. La **face inférieure** exsude fréquemment de grosses gouttes limpides. La **chair** tendre et juteuse chez les jeunes sujets devient ensuite dure et cassante comme de la craie.

Habitat/saison

Ce champignon, qui se manifeste du printemps à l'automne (le plus souvent de juin à octobre) attaque le bois de cœur des arbres qu'il digère complètement en le rendant complètement mou. L'arbre est évidemment condamné à mourir. Vous le trouverez sur les chênes le plus souvent, mais aussi dans les vergers (cerisiers, pruniers, poiriers, châtaigniers...). Vous le rencontrerez davantage sur des arbres isolés, les arbres d'alignement (même en ville) ou en lisière, qu'en pleine forêt.

Comestibilité

Méconnu chez nous, il est très prisé, semble-t-il, dans certains pays. En Amérique du Nord, on l'appelle « champignon-poulet », en raison du caractère fibreux de sa chair qui rappelle le blanc de poulet.

On peut le griller, le cuire en sauce ou bien à la poêle. Si vous voulez tenter l'expérience, une recommandation importante cependant : ne cueillez que des individus très jeunes.

Confusion

Sa couleur vive et son habitat en font un champignon très facile à reconnaître. Les exemplaires desséchés ou vieillissant sont parfois confondus avec un autre champignon géant qui pousse sur les souches, le **polypore géant** *(Meripilus giganteus)*, non comestible, qui ne présente jamais de teinte jaune soufre.

RUSSULE BELETTE

6–12 cm ↕ 7–15 cm ⌀

Russula mustelina

DESCRIPTION

Le **chapeau** est d'abord globuleux, puis longtemps hémisphérique, enfin convexe, charnu, brun-jaune à brun roux ou de couleur noisette, le plus souvent uni, parfois nuancé de plages plus pâles. Le **pied** est trapu, parfois légèrement renflé au milieu, blanc, roussissant avec l'âge, d'abord plein puis creux, ridé à la fin. Les **lames** serrées, très fourchues, blanches puis ocre ont une consistance dite « lardacée ». Chez les jeunes, les lames portent souvent de minuscules gouttelettes sur l'arête. La **chair,** très dure, devient spongieuse dans le pied. Blanche ou jaune pâle, elle est de saveur douce, presque inodore, mais d'odeur désagréable en séchant.

HABITAT/SAISON

Rare en plaine, la russule couleur de belette est fréquente en montagne, mais dans des sols non calcaires ou sur des sols décalcifiés. Elle apparaît surtout sous les épicéas, parfois sous les mélèzes, en été et en automne.

Lorsqu'elle vient de pousser, alors que seul le chapeau émerge des aiguilles, elle ressemble étonnamment à un cèpe de Bordeaux et nombre de ramasseurs s'y laissent prendre, avec son chapeau bombé brun roux à noisette, qui a donné le nom de ce champignon. Toutefois, en retournant le champignon, la présence des lames sur la russule suffit à faire la différence.

COMESTIBILITÉ

Malgré sa consistance très dure, c'est un assez bon comestible, qui a ses amateurs dans certains pays.

Compte tenu de sa taille et de son abondance certaines années, elle permet de préparer des plats copieux, car c'est l'une des russules les plus grosses et les plus charnues. Il vaut mieux la consommer jeune, car elle prend une odeur assez désagréable avec l'âge.

Confusion

La **russule cousine** *(Russula consobrina)*, très semblable, pousse dans les mêmes milieux, mais sa saveur très âcre la rend immangeable.

RUSSULE CHARBONNIÈRE

6–12 cm | 5–15 cm

Russula cyanoxantha

DESCRIPTION

Le **chapeau** est d'abord aplati, avec la bordure enroulée, puis étalé et déprimé, ferme et charnu. La surface offre un panachage de couleurs qui va du violet au verdâtre, parfois nuancé de bleu et de jaune. De plus, elle se salit de plages diffuses, très foncées, presque noires, d'où le nom de russule charbonnière. Elle montre également un fin lacis de fibrilles rayonnantes et se ponctue, de manière éparse, de taches rouille. La marge, régulière, apparaît lisse ou peu ridée. Les **lames,** serrées et d'un blanc pur, ont une caractéristique remarquable : lorsque l'on passe le doigt dessus, elles s'écrasent sous la pression, en offrant une sensation très douce et grasse, comme si l'on passait le doigt sur une plaquette de beurre (sensation dite « lardacée »). Le même geste répété sur les autres espèces de russules provoque un effritement immé-

Confusion

Le danger le plus important provient sûrement de la confusion avec l'**amanite phalloïde** *(Amanita phalloides)*, qui, bien que possédant également un chapeau verdâtre, se distingue de la russule par son pied muni d'un anneau et d'une volve. Soyez vigilant néanmoins en l'absence de ces éléments, l'anneau pouvant se détacher du pied ou être rongé par les limaces, et la volve restée enfoncée dans le sol. Cependant, les lames de consistance lardacée de la russule et son port plus trapu que celui de l'amanite devraient lever tout doute de votre part.

diat des lamelles, dont les débris sautent parfois en tous sens. Le **pied,** robuste, d'abord ferme, se creuse et devient rapidement spongieux. Sa surface, blanche, est faiblement ridée. La **chair,** ferme, s'amollit avec l'âge. Blanche, elle se teinte de rosé sous la cuticule ; elle libère une saveur douce de noisette.

Habitat/saison

La russule charbonnière abonde sous les feuillus et quelquefois sous les conifères, quelle que soit la nature du terrain, en plaine comme en montagne, jusqu'à 1 800 m environ. On peut la rencontrer en grandes troupes, surtout sous les chênes, les hêtres et les bouleaux. Elle apparaît parfois précocement, dès le mois de juin, mais c'est surtout à l'automne qu'il faut la rechercher.

Comestibilité

Avec sa chair croquante au léger goût de noisette, la russule charbonnière est l'une des meilleures russules, sans prétendre atteindre la qualité des meilleurs champignons. Elle présente de plus l'avantage d'être très fréquente. Mais hélas, elle a tendance à servir de garde-manger aux larves d'insectes et aux limaces. Comme c'est le cas de nombre d'espèces, on préférera les jeunes exemplaires, encore fermes et en bon état. Ensuite, la chair de la russule charbonnière devient spongieuse et inconsistante.

RUSSULE COMESTIBLE

↕ 7 13 cm ⤢ 5 10 cm

Russula vesca

DESCRIPTION

Le **chapeau** montre une coloration très variable, mais souvent rose vineux ou marron-rouge. Il est à remarquer que le centre, souvent plus pâle ou grisâtre, est de couleur différente de la bordure. Un caractère est assez remarquable : la couche superficielle, qui fait comme une peau sur la surface du chapeau, ne recouvre pas entièrement la marge du chapeau, comme si elle était trop courte pour l'habiller entièrement. On voit, par conséquent, l'extrémité des lamelles striant la bordure du chapeau. Les **lamelles** sont blanches, mais deviennent piquetées de rouille avec l'âge. Elles sont très fourchues près du pied. Le **pied,** d'environ 2 cm de diamètre, est rétréci à la base, qui est en outre souvent teintée de rose ou de rouille, alors que plus haut, il est de couleur blanche. Blanche comme chez la quasi-totalité des russules, la **chair** n'a pas d'odeur caractéristique et sa saveur est douce.

HABITAT/SAISON

Assez commune, la russule comestible est l'une des plus précoces, apparaissant dès le mois de mai dans les zones abritées et se maintenant jusqu'à l'automne. Solitaire ou en groupes d'individus épars, elle apparaît dans les bois de feuillus, composés surtout de chênes ou de hêtres, sur des sols siliceux ou acides, bien drainés, à basse altitude comme en montagne.

COMESTIBILITÉ

Cette russule est un bon comestible, parmi les meilleures des russules, à la chair ferme et au goût de noisette. On peut lui reprocher d'être souvent véreuse et d'être trop dispersée pour en cueillir une quantité suffisante. Pour pallier cet inconvénient, vous la mélangerez avec d'autres russules et, notamment, la russule charbonnière qui est bien plus commune. À l'instar des lactaires, les russules gardent après cuisson une texture croquante.

RUSSULE DES ÉPICÉAS

↕ 5 12 cm ⤢ 5 12 cm

Russula integra

Syn. fr. : russule intègre

DESCRIPTION

Le **chapeau,** d'abord presque globuleux, devient étalé ou déprimé. La surface est brillante, lisse puis un peu rugueuse, de couleur variable, de teinte générale brune, mêlée de violet, de pourpre, de jaune ou de vert.

Les **lames,** épaisses et bien espacées, sont friables et cassantes ; d'abord blanches, elles prennent à la fin une teinte jaune ocre, mais l'arête reste plus pâle.

Le **pied** est épais, jusqu'à 3,5 cm de diamètre, bien blanc, puis légèrement taché de jaune ou de roux.

La **chair,** blanche et très ferme, possède une saveur douce de noisette.

HABITAT/SAISON

Cette russule forme souvent des groupes comptant de nombreux individus dans les forêts d'épicéas ou de sapins. S'accommodant de différentes natures de sol, elle est très courante en montagne en été et en début d'automne. On la trouve dans les forêts de feuillus des bas étages, mais elle est surtout abondante dans les forêts de résineux de montagne, jusqu'à l'étage subalpin.

COMESTIBILITÉ

C'est un bon comestible de texture croquante et à saveur de noisette ou d'amande, qui peut être consommé cuit ou cru dans des salades. Cette russule est très appréciée dans le nord de l'Europe.

Confusion

La **russule perfide** *(Russula badia)* est souvent confondue avec la russule des épicéas, d'autant plus qu'elle pousse dans les mêmes milieux. Elle possède un pied souvent taché de rose et surtout une saveur nettement piquante.

RUSSULE DORÉE

4–9 cm | 5–10 cm

Russula aurea

DESCRIPTION

Le **chapeau** est rouge-orangé, d'abord hémisphérique, puis aplani et déprimé au centre ; la surface est lisse et visqueuse par temps humide ; le chapeau présente souvent des plages de couleurs qui vont du jaune d'or au rouge intense.

Les **lamelles** sont crème puis jaune ocre, mais avec une arête colorée au moins par endroits de jaune vif.

Le **pied** cylindrique est blanc teinté, par endroits, de jaune vif.

La **chair** est blanche, mais jaune sous la cuticule, inodore, avec une saveur douce.

HABITAT/SAISON

Elle pousse surtout dans les forêts de feuillus (hêtres), mais aussi sous les épicéas, en été et en début d'automne. Elle est plus fréquente dans les régions méridionales que dans le nord.

COMESTIBILITÉ

La russule dorée n'est pas d'une très grande qualité gustative ; en outre, elle pousse rarement en groupes.

RUSSULE FEUILLE MORTE

6–12 cm | 6–12 cm

Russula xerampelina

Syn. fr. : russule xérampéline

DESCRIPTION

Le **chapeau** est convexe puis étalé et légèrement déprimé au centre, à marge longtemps enroulée, rouge pourpre très foncé ou ocre ou rosé, à centre noirâtre pouvant se décolorer. Les **lames** crème deviennent ocre. Le **pied** épais, jusqu'à 3 cm, est blanc teinté typiquement de rouge rosé, se tachant de brunâtre au toucher.

La **chair** ferme est blanche, brunissant au frottement, avec une odeur de crustacés cuits, surtout perceptible chez les sujets âgés.

HABITAT/SAISON

Elle ne pousse que sous les conifères (les pins), sur des sols acides ou sableux. Elle est très commune en fin d'été et en automne.

COMESTIBILITÉ

C'est un bon comestible, mais à l'odeur peu appétissante, que l'on ne s'attend pas à trouver dans un champignon.

Russule hétérophylle

5 – 10 cm (hauteur) ; 6 – 12 cm (diamètre)

Russula heterophylla

Syn. fr. : russule à lames fourchues

Confusion

L'**amanite phalloïde** *(Amanita phalloides)*, mortelle redoutable, a également un chapeau de cette teinte (photo p. 140), mais ses lames ne sont pas soudées entre elles près du pied ; en outre, l'amanite porte un anneau sur le pied et une volve à sa base.

Description

Le **chapeau** est de couleur variable mais toujours dans les tons verts, pâlissant vers le jaune avec l'âge et se piquant de rouille. Les **lames** très serrées sont fourchues et presque soudées entre elles près du pied, en formant ainsi des sortes d'alvéoles, blancs, parfois piqués de rouille, nuancés de jaune-vert à maturité. Le **pied** court et blanc est parfois taché de roux. La **chair** possède une saveur douce.

Habitat/saison

La russule hétérophylle pousse essentiellement sous les feuillus, plus rarement sous les conifères, en sol plutôt acide. On la trouve du début de l'été à la mi-automne.

Comestibilité

Cette russule est un bon comestible, comme toutes les russules à chapeau vert.

RUSSULE VERDOYANTE

↕ 5 – 10 cm ⤢ 8 – 12 cm

Russula virescens

Syn. fr. : palomet

DESCRIPTION

La surface du chapeau est craquelée en une mosaïque de petites plaques vert clair, vert amande, vert-jaune, vert olive ou vert-de-gris ; elles peuvent s'imprégner à la fin d'ocre ou de rouille.

Le **chapeau** est de consistance très dure, surtout lorsqu'il est jeune.

Le **pied** est plein puis devient spongieux à l'intérieur, mais reste très ferme. Sa couleur blanche se tache de rouille avec l'âge.

La **chair** blanche a une odeur agréable et un goût de noisette.

Avec son chapeau globuleux et son gros pied, le jeune champignon offre souvent la forme trapue du bouchon de champagne que l'on retrouve chez le cèpe.

HABITAT/SAISON

Vous aurez plus de chances de trouver la russule verdoyante dans le sud qu'au nord, où elle ne se montre guère que dans les stations chaudes ou certaines années favorables. Elle affectionne les bois clairs de chênes, de châtaigniers ou de hêtres, et vous ne la verrez jamais sous des conifères en peuplement pur.

Une fois n'est pas coutume, c'est pendant l'été que vous irez à la traque de cette russule. C'est en effet un champignon dont la saison de pousse peut débuter en mai et se poursuivre jusqu'aux premiers rafraîchissements d'octobre.

COMESTIBILITÉ

La russule verdoyante a la réputation d'être la meilleure des russules, à la chair croquante et de saveur agréable, que l'on peut consommer crue en salade. Elle est délicieuse cuite au gril. Malheureusement, elle est souvent véreuse et n'est pas commune partout.

TRICHOLOME COLOMBETTE

↕ 8 – 13 cm ⤢ 6 – 10 cm

Tricholoma columbetta

HABITAT/SAISON

Le tricholome colombette fréquente les sous-bois de hêtres, de chênes ou de bouleaux, plus rarement de conifères, surtout en terrain siliceux. Il apparaît en petites troupes d'individus isolés, le plus souvent semi-enfouis dans la mousse ou sous les feuilles.

Commun localement, il faut rechercher ce champignon entre septembre et octobre.

COMESTIBILITÉ

Ce beau champignon blanc est un bon comestible, charnu, de saveur et de consistance agréables. Jamais attaqué par les insectes, il se montre digne des meilleurs tricholomes. Cependant, il n'est jamais très abondant.

DESCRIPTION

Le **chapeau** est convexe ou conique au début, mais s'aplanit rapidement en devenant plus ou moins ondulé, avec ou non un renflement au milieu du chapeau, souvent penché sur un côté ; la surface est soyeuse et satinée, d'un blanc pur, légèrement visqueuse sous la pluie, portant souvent des débris du sol. Le chapeau est parfois piqué de petites taches rouge rosé ou bleu-vert. Le **pied** est robuste, légèrement en fuseau, souvent sinueux, plein et ferme, blanc satiné comme le chapeau, fibrilleux ; il est profondément ancré dans le sol et se brise facilement à la cueillette. Les **lames** sont serrées et blanches, parfois rosées, denticulées sur l'arête. La **chair** ferme et blanche sent faiblement la farine ; la saveur est également farineuse.

Confusions

Il faut bien savoir distinguer ce champignon des amanites blanches : **amanite vireuse** *(Amanita virosa)*, **amanite printanière** *(Amanita verna)* et **amanite phalloïde** (photo p. 140) dans sa forme blanche *(Amanita phalloides)*. Ces amanites portent une volve et un anneau.
L'**entolome livide** *(Entoloma lividum)* a déjà fait objet de confusions avec le tricholome colombette, mais son chapeau n'est jamais d'un blanc pur (photo p. 90).

TRICHOLOME DE LA SAINT-GEORGES

5 – 10 cm | 5 – 12 cm

Calocybe gambosa

Description

C'est un champignon trapu, au **chapeau** épais, d'abord presque sphérique, ou un peu conique, puis aplati. La marge, très enroulée chez les jeunes sujets, s'étale lors de la maturation du champignon et devient mince et plus ou moins ondulée. La surface est lisse, sèche et mate, le plus souvent blanc crème, mais parfois légèrement ocre, surtout avec l'âge.

Les **lames** sont extrêmement serrées, et ce caractère est encore plus accentué chez les jeunes champignons. Elles sont blanches, puis crème, et roussissent parfois légèrement.

Le **pied** est en général robuste, court et épais. Il est renflé à la base, surtout au début de la croissance. La partie supérieure semble poudrée de farine.

La **chair** est épaisse, ferme et blanche ; elle émet une très forte odeur de farine.

Suivant la couleur du chapeau qui peut varier, plusieurs variétés sont reconnues ; elles manifestent toutes une forte odeur de farine.

HABITAT/SAISON

Le tricholome de la Saint-Georges pousse souvent en groupes et forme fréquemment des cercles dans les prés, auprès des haies, dans les fourrés à arbustes épineux (aubépines, prunelliers), de préférence sur des sols calcaires. Comme il apparaît aux environs de la fin avril, on lui a donné ce nom qui lui convient tout à fait. En effet, vous ne le verrez guère avant la mi-avril. En montagne, vous le trouverez depuis mai jusqu'à la fin du mois de juin, dans les prairies d'altitude. Il peut se montrer abondant ou pas, mais une chose est sûre, c'est qu'il repousse tous les ans aux mêmes endroits. Aussi notez bien ces emplacements.

COMESTIBILITÉ

Certains inconditionnels le classent parmi les meilleurs champignons. Son goût et son odeur très forts de farine peuvent incommoder certaines personnes, qui préfèrent le plonger quelques minutes dans l'eau avant de le cuisiner. Consommez-le en quantité modérée, surtout si vous avez un estomac fragile, car il est plutôt indigeste et il ne doit être consommé que cuit.

Confusions

L'**entolome livide** *(Entoloma lividum)* est un champignon forestier (photo p. 90) et, qui plus est, vous ne le trouverez pas à la même saison que le tricholome de la Saint-Georges, car il est automnal. Ses lames rosissent à maturité.
En revanche, vous pourrez très bien trouver l'**inocybe de Patouillard** *(Inocybe patouillardii)* aux mêmes lieux et à la même époque que les tricholomes. C'est un champignon assez grêle (photo p. 90), au chapeau conique tout rayé de fibrilles profondes qui finissent même par se creuser en crevasses, ce que vous n'observerez jamais sur les chapeaux du tricholome. Son odeur n'est pas farineuse, mais plutôt fruitée.

TRICHOLOME JAUNISSANT

3–6 cm | 3–7 cm

Tricholoma scalpturatum

Syn. fr. : tricholome gravé

DESCRIPTION

Le **chapeau,** vite aplani, possède des mèches gris-beige sur un fond de couleur crème, jaunissant sur la marge chez les vieux spécimens. Le **pied,** lisse et blanc, est parfois un peu grisâtre. Les **lames** échancrées, serrées, sont blanc sale, jaunissant avec l'âge ou au niveau des lésions. Blanche et jaunissant avec l'âge, la **chair** dégage une forte odeur de farine à la coupe.

HABITAT/SAISON

Ce champignon pousse souvent en groupes d'individus très nombreux dans les forêts et les taillis de feuillus, sur sol calcaire, de l'été à l'automne.

Inégalement réparti, ce tricholome est fréquent à rare suivant les régions.

COMESTIBILITÉ

Le tricholome jaunissant est un bon comestible, mais il devient vite véreux.

Confusions

On peut aisément confondre le tricholome jaunissant avec d'autres espèces de tricholomes grisâtres, dont certains sont toxiques comme le **tricholome de Josserand** *(Tricholoma josserandii),* qui provoque de sérieux troubles gastro-intestinaux ; mais aucun ne manifeste ce jaunissement si caractéristique du tricholome jaunissant.

TRICHOLOME PRÉTENTIEUX

6 – 12 cm | 5 – 11 cm

Tricholoma portentosum

HABITAT/SAISON

Distribué selon une répartition très inégale, le tricholome prétentieux est très commun par endroits, où il abonde d'octobre à décembre dans les pinèdes. Il se fait moins fréquent en montagne sous les épicéas et on peut le trouver quelqufois sous les feuillus, où il se montre plus trapu.

COMESTIBILITÉ

C'est un très bon comestible, qui peut cependant être la proie des larves. Les tricholomes prétentieux sont des champignons à manipuler avec douceur, car leur chapeau a tendance à se briser et leur pied à s'écraser. Il est préférable d'ôter la cuticule visqueuse.

DESCRIPTION

Le **chapeau,** d'abord conique, devient étalé, à bord ondulé ou irrégulier ; il reste convexe au centre ou largement mamelonné. Il est caractérisé par des reflets jaunes apparaissant sur un fond gris densément strié de fibrilles noirâtres (ou plus exactement noir violacé). Il est plus ou moins visqueux, et des particules de terre restent souvent collées sur le chapeau. Les **lames,** échancrées et assez épaisses, sont blanc-jaune ou gris pâle, mais toujours avec des reflets jaunes. Le **pied** est épais, souvent tordu, blanc ou un peu nuancé de jaune, fibrilleux ou soyeux, et fibreux. La **chair** est fragile et se casse facilement. D'une couleur blanc-jaune, elle est d'un jaune plus accentué sous la cuticule et a une odeur et une saveur farineuses.

Confusions

Il faut surtout veiller à ne pas le confondre avec des formes foncées de l'**amanite phalloïde** *(Amanita phalloides)*, qui possède aussi un chapeau fibrilleux souvent teinté de jaune ou de vert-jaune (photo p. 140), mais dont le pied est muni d'un anneau et d'une volve très facile à voir si on déterre le champignon. Ces deux attributs sont totalement absents chez les tricholomes.
La confusion avec le **tricholome émarginé** *(Tricholoma sejunctum)* est beaucoup moins dramatique, car ce dernier a seulement un goût amer. Il a aussi un chapeau de couleur plus jaune que grise et une odeur de rance.

TRICHOLOME TERREUX

3–10 cm | 4–8 cm

Tricholoma terreum

Syn. fr. : petit-gris, charbonnier

Description

Le **chapeau** est presque toujours mamelonné, même si la marge est un peu retroussée sur la fin. Il est typiquement gris souris, à fibrilles soyeuses et grises, sec et velouté. La couleur de cette espèce n'est jamais nuancée de jaune, contrairement à celle du tricholome prétentieux. Les **lames** sont larges, ventrues, blanches d'abord puis rapidement grises (couleur de terre). Le **pied** a une base grisonnante.

Habitat/saison

Fréquent en plaine comme en montagne, ce champignon vient en troupes comprenant de nombreux individus sur des sols calcaires où dominent les conifères, essentiellement les pins, très rarement sous les hêtres. Il préfère les emplacements dégagés, les lisières, le bord des chemins, les parcs. On peut le voir de la fin de l'été à la fin de l'automne, parfois même après les gelées.

Comestibilité

Un peu moins apprécié que le tricholome prétentieux, il s'accommode particulièrement en mélange avec d'autres champignons.

Confusions

Le **tricholome tigré** *(Tricholoma pardinum)* possède un pied plus robuste et un chapeau tigré d'écailles grises ; il cause de sévères gastro-entérites.
On peut citer aussi le **tricholome vergeté** *(Tricholoma virgatum)*, comme espèce à ne pas confondre, non pas en raison de son aspect dangereux, car il n'est pas toxique, mais de sa forte ressemblance avec le tricholome terreux ; il risque de vous gâcher un plat, car sa saveur est trop poivrée.

TROMPETTE-DES-MORTS

↕ 4 / 12 cm ⤢ 3 / 8 cm

Craterellus cornucopioides

Syn. fr. : craterelle corne d'abondance

DESCRIPTION

Chapeau en forme d'entonnoir dont la marge est recourbée vers le bas et devient onduleuse. L'intérieur est gris-brun, strié de mèches plus foncées, plus pâle au sec, devenant noir à l'humidité. L'**hyménium** gris cendré est pruineux, lisse ou peu veiné, puis devient rugueux ou boursouflé, également noir par temps humide. Le **pied,** parfois sinueux, s'amincit vers la base, qui est quelquefois irrégulièrement renflée ; il est noirâtre et entièrement creux jusqu'à la base. La **chair** très mince est élastique, de saveur douce et d'odeur agréablement aromatique ; elle n'est jamais véreuse.

HABITAT/SAISON

La trompette-des-morts est très commune dans toute la France. Elle pousse dans les futaies et les taillis de feuillus de plaine, sous les chênes, les hêtres, les charmes, les châtaigniers ou encore les taillis de noisetiers. On peut aussi la trouver, mais moins fréquemment, sous les conifères, notamment les épicéas de montagne. Elle semble préférer les sols argileux et plutôt calcaires. C'est un champignon qui ne supporte pas la sécheresse. Aussi ne fait-elle des apparitions que sur des sols très humides ou après de fortes pluies.

La trompette-des-morts pousse en colonies. Elle forme des troupes très étendues. Suivant les années et les régions, elle peut se montrer rare ou très abondante.

Son apparition tardive, qui coïncide avec la Toussaint, est probablement à l'origine du nom de ce champignon. C'est à cette période en effet qu'elle se montre avec la plus grande abondance. Cependant, ne craignant pas le froid, elle peut encore faire l'objet de belles récoltes en décembre. Elle fait parfois quelques apparitions dès juin si les précipitations sont abondantes, mais cette pousse est en principe très localisée et de courte durée.

Comestibilité...........

Malgré sa consistance un peu élastique, la trompette-des-morts est un champignon réputé, agrémentant les viandes blanches en sauce, mais aussi le gibier, les civets. Elle est souvent incorporée dans les charcuteries (pâtés, boudins, etc.).

Deux chanterelles, moins communes, bons comestibles à odeur de mirabelle, ressemblent à la trompette-des-morts : la **chanterelle sinueuse** *(Craterellus sinuosus)*, qui se distingue nettement de la trompette-des-morts par la présence de veines plissées ou boursouflées comme des varices, gris cendré ; la **chanterelle cendrée** *(Cantharellus cinereus)*, qui apparaît peu communément dans les bois, à la même époque que la trompette-des-morts.

TRUFFE noire

3
8 cm

Tuber melanosporum

Syn. fr. : truffe du Périgord

DESCRIPTION

De **forme sphérique**, parfois irrégulière et bosselée, elle est noire, couverte de verrues pyramidales peu proéminentes. La **chair** ferme, d'abord claire, puis noir violacé, est parcourue de veines blanches, sinueuses et très serrées, rougissant à l'air ; l'odeur est très puissante et aromatique.

HABITAT/SAISON

La truffe pousse sous terre à quelques centimètres de la surface du sol, parfois affleurant, sur des terrains boisés mais ouverts, essentiellement sous les chênes, en sol calcaire et bien drainé. On ne la trouve que dans le sud de l'Europe : sud de la France, Espagne, Italie et Portugal. Elle arrive à maturité de novembre à mars.

Rare, elle a subi les effets des modifications de son biotope. Elle est cultivée dans des plantations de chênes ou de noisetiers. Le chien dressé (dont le flair remplace celui du cochon autrefois utilisé) est quasi indispensable pour les débusquer dans la terre.

COMESTIBILITÉ

Excellent comestible, à l'arôme très puissant, la truffe noire est célèbre dans le monde entier. Bien que cultivée, la truffe se négocie à un prix en rapport avec sa rareté. On trouve parfois dans le commerce la « truffe de Chine » *(Tuber indicum)*, beaucoup moins parfumée.

Verpe de Bohême

8–20 cm · 2–5 cm

Verpa bohemica

Description

Le **chapeau** est conique ou en forme de dé à coudre avec un sommet plus arrondi. Il est tout plissé, les plis épais séparant des alvéoles étroits. Il est d'une couleur brun-jaune à ocre. Droit ou légèrement courbé, le **pied** est cylindrique, blanchâtre et lisse, mais sa surface montre de petites bandes transversales en zigzag, qui se désagrègent avec l'âge en petits flocons. Le pied pénètre à l'intérieur de la cavité du chapeau et se raccorde à lui au sommet ; il est cassant, fragile et creux, farci chez les sujets jeunes d'une moelle blanche de consistance cotonneuse.

Habitat/saison

La verpe de Bohême pousse dans les bois clairs de feuillus, sous les frênes, les peupliers, les prunelliers, les noisetiers, les merisiers... Elle affectionne les sols frais et sablonneux, et apparaît à la même saison que les morilles communes ou morilles comestibles, le plus souvent quelques jours avant elles, de mars à mai.

Comestibilité

La verpe de Bohême est un très bon comestible, qui supporte très bien la comparaison avec les morilles, auxquelles vous pouvez d'ailleurs les mélanger. Attention cependant, car, comme ces dernières, elle est toxique crue et nécessite une cuisson préalable.

Confusion

Dans les mêmes milieux, il est fréquent de trouver d'autres espèces proches comme la **verpe en doigt de gant** *(Verpa conica)*, dont le chapeau est quasiment lisse ou légèrement plissé.

Vesse-de-loup géante

20
50 cm

Langermannia gigantea

C'est une espèce qui pousse dans des sols riches en azote, qui est fidèle à ses stations.

Vous pourrez voir la vesse-de-loup géante dès la fin de l'été et tout l'automne jusqu'à mi-novembre. Elle apparaît subitement un matin dans l'herbe, ayant d'emblée la taille d'une grosse orange. Elle grossit rapidement et, en quelques jours à peine, vous la verrez atteindre des proportions géantes. Une fois parvenue à maturité, elle ne disparaît pas et vous pourrez l'observer encore pendant très longtemps, si personne ne les enlève, de vielles vesses brunies, dont l'intérieur très léger et pulvérulent se désagrège petit à petit dans l'air en libérant les spores.

Description

Cette vesse a en général l'apparence et la taille d'un ballon de football, un peu bosselé, avec parfois quelques petites dépressions. Elle a une surface lisse et satinée, très douce au toucher, d'un blanc de lait immaculé ; elle se teinte ensuite de jaune ocre. L'**enveloppe externe** qui recouvre le champignon disparaît rapidement, mettant à nu l'**enveloppe interne** qui, d'abord blanche elle aussi, devient marron par la suite. D'abord compacte et blanche, la **chair** se désagrège et devient brun verdâtre à maturité des spores. Des lambeaux bruns, de grande taille, mais sans consistance et très légers, s'en détachent.

Habitat/saison

Occasionnelle, mais quelquefois abondante localement, elle déploie sa masse imposante dans les pâturages et les parcs légèrement ombragés, les jardins.

Comestibilité

Récoltée jeune, lorsque sa chair est encore blanche et compacte, cette espèce est d'une comestibilité tout à fait acceptable.

Volvaire visqueuse

10 – 18 cm | 7 – 12 cm

Volvariella gloiocephala

Description

Le **chapeau** est ovoïde puis conique et enfin convexe ou étalé et mamelonné, blanc, gris souris ou gris-brun, lisse, brillant au sec, très visqueux à l'humidité. Les **lames** sont serrées, larges et ventrues, non reliées au pied (lames écartées), blanc rosé puis rose rouillé ou rose-brun. Un peu aminci vers le haut, le **pied** est fibrilleux, blanc, brunissant sur la fin, portant une volve volumineuse très fragile, blanche à gris-brun. La **chair** est blanchâtre, à faible odeur de radis et de saveur douce.

Habitat/saison

La volvaire visqueuse pousse dans les lieux découverts riches en matière organique, parfois sur des déchets végétaux pourrissant sur les bords de route.

Assez fréquente, elle vient en été et automne, parfois tardivement jusqu'en décembre.

Comestibilité

Sans être un champignon réputé, la volvaire visqueuse est un comestible honorable. Une autre volvaire proche de celle-ci est largement cultivée dans toute l'Asie du Sud-Est, sur divers résidus de culture, notamment de riz.

Glossaire

Adné : se dit des lames ou des tubes qui adhèrent au pied sur tout ou partie de leur hauteur.
Anneau : bague enserrant le pied.
Appendiculé : se dit de la marge du chapeau lorsqu'elle est débordante et festonnée.
Arête : bord libre d'une lame.

Bulbe : partie renflée de la base du pied. La lépiote élevée a le pied bulbeux.

Cespiteux : qualifie les champignons qui poussent en touffes, le pied de chacun des individus étant soudé aux autres par la base. Ex. : les pholiotes.
Cortine : voile léger reliant le bord du chapeau au pied du jeune champignon. Quand le champignon grandit, ce voile se déchire ; il subsiste sous forme de quelques filaments sur le pied et au niveau de la marge du chapeau. Ex. : les cortinaires.
Cuticule : revêtement de la face supérieure du chapeau. La cuticule peut être sèche ou visqueuse, lisse ou fibrilleuse, etc.

Décurrent : se dit des lames, tubes ou aiguillons qui descendent plus ou moins sur le pied, comme les lames des clitocybes.
Déliquescent : qui se liquéfie. La plupart des coprins deviennent déliquescents à maturité ; leur chapeau se résout en une sorte d'encre noire.

Écarté : se dit des lames qui n'atteignent pas le pied.
Émarginé (échancré) : se dit des lames qui s'infléchissent brusquement vers le haut avant de se rattacher au pied.
Excorié : se dit d'une surface écorchée en écailles. Ex. : la lépiote excoriée.

Fasciculé : disposé en touffes serrées de nombreux individus. Ex. : l'hypholome en touffes.
Fongique : relatif aux champignons.
Fugace : qui ne persiste pas ; se dit souvent de l'anneau ou de la cortine qui peuvent disparaître avec l'âge.

Hygrophane : qualifie un champignon qui change d'aspect et de couleur en fonction du degré d'humidité. Ex. : la pholiote changeante.
Hyménium : partie du sporophore qui porte les spores. Suivant sa structure, on parle d'hyménium à lames, à tubes...

Inégal : se dit des lames entre lesquelles s'intercalent des lamelles et des lamellules.

Lame : feuillet situé sur la face inférieure du chapeau. Les lames portent l'hyménium.
Lamelle : petite lame n'atteignant pas le pied.
Lardacé : se dit des lames à consistance de lard. Ex. : la russule charbonnière..

Marge : bord du chapeau.
Marginé : se dit d'un bulbe muni d'un rebord net, par opposition aux bulbes globuleux.
Méchuleux : couvert de petites écailles relevées à leur extrémité.
Mycélium : ensemble des filaments souterrains qui constitue la partie végétative du champignon. Le mycélium assure la pérennité des espèces.
Mycorhize : association étroite entre le mycélium d'un champignon et les racines de végétaux supérieurs, souvent des arbres. Les bolets forment souvent des associations mycorhiziennes avec les arbres.

Pli : relief supportant l'hyménium chez les chanterelles. Contrairement aux lames, les plis sont grossiers, irréguliers et plus ou moins anastomosés.
Pore : orifice d'un tube. Les tubes des bolets et des polypores aboutissent à des pores par lesquels s'échappent les spores.
Pulvérulent : qui se résout en poussière. La chair des vesses-de-loup devient pulvérulente à maturité.

Sessile : dépourvu de pied, comme certains polypores.
Spore : semence des champignons.
Sporée : dépôt massif de spores.
Sporophore : partie visible du champignon par opposition au mycélium.
Squame : synonyme d'écaille.

Tomenteux : couvert de poils courts et serrés. Ex. : la collybie à pied velouté.
Tube : petit cylindre portant l'hyménium des bolets et des polypores. Les tubes aboutissent à des pores.

Voile général : enveloppe membraneuse abritant le jeune champignon, qui subsiste parfois chez l'adulte sous forme d'écailles sur le chapeau et d'une volve à la base du pied. Les amanites montrent souvent des restes du voile général.
Voile partiel : enveloppe qui protège l'hyménium de certains jeunes champignons. Il peut subsister sous la forme d'un anneau, comme chez les agarics.
Volve : tissu qui englobe la base du pied de certains champignons, au nombre desquels figurent les amanites et les volvaires.

INDEX

Agaric
- anisé, 37.
- auguste, 38.
- bispore, 39.
- champêtre, 40.
- des forêts, 42.
- des jachères, 43.
- jaunissant, 37, 40, 43.
- macrospore, 44.

Agaricus
- *arvensis*, 43.
- *augustus*, 38.
- *bisporus*, 39.
- *campestris*, 40.
- *macrosporus*, 44.
- *silvaticus*, 42.
- *silvicola*, 37.
- *urinascens*, 44.
- *xanthoderma*, 37, 40, 43.

Agrocybe aegerita, 126.
Aleuria aurantia, 121.
Amanita
- *caesarea*, 45.
- *muscaria*, 46.
- *ovoidea*, 48.
- *pantherina*, 50.
- *phalloides*, 37, 43, 113, 140, 144, 146, 150.
- *proxima*, 48.
- *rubescens*, 49.
- *vaginata*, 47.
- *verna*, 37, 113, 146.
- *virosa*, 37, 113, 146.

Amanite(s)
- à volve rousse, 48.
- blanches mortelles, 37.
- des Césars, 45.
- engainée, 47.
- ovoïde, 48.
- panthère, 50.
- phalloïde, 37, 43, 113, 140, 144, 146, 150.
- printanière, 113, 146.
- rougissante, 49.
- très proche, 48.
- tue-mouches, 46.
- vireuse, 113, 146.

Argouane des prairies, 51.
Armillaire
- couleur de miel, 125.

Armillaria mellea, 125.
Auricularia auricula judae, 120.

Bolet
- amer, 64.
- à mycélium rose, 53.
- à pied rouge, 54.
- appendiculé, 55.
- bai, 56.
- blafard, 57.
- de Dupain, 57.
- de fiel, 56, 64, 66, 67.
- de Quélet, 57.
- des chênes, 58.
- granuleux, 59.
- jaune, 60.
- orangé, 61.
- rude, 62.
- Satan, 54, 66.

Boletus
- *aereus*, 63.
- *aestivalis*, 64.
- *appendiculatus*, 55.
- *dupainii*, 57.
- *edulis*, 65.
- *erythropus*, 54.
- *luridus*, 57.
- *pinophilus*, 67.
- *queletii*, 57.
- *satanas*, 54, 66.

C*alocybe gambosa*, 147.
Cantharellus
- *amethysteus*, 93.
- *cibarius*, 92.
- *cinereus*, 153.

Cèpe
- bronzé, 63.
- de Bordeaux, 65, 88.
- des pins, 67.
- d'été, 64.

Chanterelle
- améthyste, 93.
- cendrée, 153.
- en tube, 68.
- jaunissante, 70.
- noircissante, 71.
- sinueuse, 153.
- violette, 72.

Clavaire
- à crêtes, 73.
- cendrée, 73.
- crépue, 74.
- dorée, 76.
- en chou-fleur, 77.
- jolie, 76, 77.
- rugueuse, 73.

Clavulina
- *cinerea*, 73.
- *cristata*, 73.
- *rugosa*, 73.

Clitocybe
- à bonne odeur, 80.
- blanc d'ivoire, 52.
- blanchi, 115.
- des feuilles, 78, 84.
- en entonnoir, 78.
- géotrope, 79.
- illusoire, 93.
- inversé, 80.
- nébuleux, 79.
- odorant, 81.
- orangé, 82.

Clitocybe
- *amoenolens, 80.*
- *dealbata*, 52.
- *geotropa*, 79.
- *gibba*, 78.
- *nebularis*, 79.
- *odora*, 81.
- *phyllophila*, 78, 84.
- *rivulosa*, 115.

Clitopile petite prune, 83.
Clitopilus prunulus, 83.
Collybie à pied velouté, 85.
Coprin chevelu, 86.
Coprinus comatus, 86.
Cortinaire
- cannelle, 69.
- herculéen, 88.
- purpurescent, 130.
- remarquable, 88.

Cortinarius
- *caperatus*, 128.
- *cinnamomeus*, 69.
- *herculeus*, 88.
- *praestans*, 88.
- *purpurascens*, 130.

Craterellus
- *cornucopioides*, 152.
- *lutescens*, 70.
- *melanoxeros*, 71.
- *sinuosus*, 153.
- *tubaeformis*, 68.

Cuphophyllus
- *pratensis*, 98.
- *virgineus*, 95.

D*iscina ancilis*, 123.
Disciotis venosa, 122.

E*ntoloma*
- *clypeatum*, 89.
- *lividoalbum*, 90.
- *lividum*, 79, 90, 146, 148.
- *rhodopolium*, 90.

Entolome
- à pied blanc, 90.
- en bouclier, 89.
- livide, 79, 90, 146, 148.
- rose et gris, 90.

F*istulina hepatica*, 91.
Fistuline hépatique, 91.
Flammulina velutipes, 85.

Galère marginée, 125.
Galerina marginata, 125.
Girolle, 92.
- Fausse –, 93.

Gomphide glutineux, 94.
Gomphidius glutinosus, 94.
Gomphus clavatus, 72.
Grifola frondosa, 136.
Gyromitra
- *esculenta*, 116, 118.

Gyromitre
- dite comestible, 116, 118.

H*emipholiota populnea*, 127.
Hydne roussissant, 132.
Hydnum
- *repandum*, 131.
- *rufescens*, 132.

Hygrocybe punicea, 99.
Hygrophore
- à odeur de chenille de cossus, 95.
- blanc de neige, 95.
- de l'office, 96.
- de mars, 97.
- des prés, 98.
- rouge ponceau, 99.
- russule, 100.

Hygrophoropsis
- *aurantiaca*, 82, 93.

Hygrophorus
- *cossus*, 95.
- *marzuolus*, 97.
- *penarioides*, 96.
- *penarius*, 96.
- *russula*, 100.

Inocybe de Patouillard, 90, 148.
Inocybe patouillardii, 90, 148.

K*uehneromyces mutabilis*, 124.

Laccaire
- améthyste, 101.
- laqué, 103.

Laccaria
- *amethystina*, 101.
- *laccata*, 103.

Lactaire
- à lait abondant, 104.
- couleur de suie, 105.
- de l'épicéa, 106.
- délicieux, 106, 107.
- sanguin, 108.
- semi-sanguin, 108.
- vineux, 108.

Lactarius
deliciosus, 106, 107.
deterrimus, 106.
lignyotus, 105.
sanguifluus, 108.
semisanguifluus, 108.
vinosus, 108.
volemus, 104.
Laetiporus sulphureus, 137.
Langermannia gigantea, 156.
Leccinum
aurantiacum, 61.
quercinum, 58.
scabrum, 62.
Leotia lubrica, 69.
Léotie lubrique, 69.
Lepiota
brunneolilacina, 111.
cristata, 111.
josserandii, 111.
Lépiote
brun lilacin, 111.
crêtée, 111.
déguenillée, 109.
de Josserand, 111.
élevée, 110, 112.
excoriée, 112.
pudique, 113.
vénéneuse, 109, 111.
Lepista
inversa, 80.
luscina, 51.
nuda, 129.
panaeolus, 51.
saeva, 133.
Leucoagaricus
leucothites, 113.

M *acrolepiota*
excoriata, 112.
procera, 110.
rhacodes, 109.
venenata, 109, 111.
Marasme
des collines, 115.
des Oréades, 114.
Marasmius
collinus, 115.
oreades, 102, 114.
Meripilus giganteus, 137.
Mitrophora semilibera, 119.
Morchella
elata, 117.
esculenta, 116.
Morille
commune, 116.
conique, 117.
Morillon, 119.
Mycena
pura, 102, 103.
rosea, 103.
Mycène
pure, 102, 103.
rose, 103.

O *mphalotus illudens*, 93.
Oreille-de-Judas, 120.

P ézize
orangée, 121.
très large, 123.
veinée, 122.
Pholiote
changeante, 124.
destructrice, 127.
du peuplier, 126.
ridée, 128.
Pied-
bleu, 129.
de-mouton, 131.
violet, 133.
Pleurote
corne d'abondance, 134.
du panicaut, 135.
en forme d'huître, 135.
Pleurotus
cornucopiae, 134.
eryngii, 135.
ostreatus, 135.
Polypore
en touffes, 136.
géant, 137.
soufré, 137.

R *amaria*
aurea, 76.
botrytis, 77.
formosa, 76.
Rozites caperata, 128.
Russula
aurea, 143.
badia, 142.
consobrina, 138.
cyanoxantha, 139.
heterophylla, 144.
integra, 142.
mustelina, 138.
vesca, 141.
virescens, 145.
xerampelina, 143.
Russule
belette, 138.
charbonnière, 139.
comestible, 141.
cousine, 138.
des épicéas, 142.
dorée, 143.
feuille morte, 143.
hétérophylle, 144.
perfide, 142.
verdoyante, 145.

S *parassis crispa*, 74.
Suillus
collinitus, 53.
granulatus, 59.
luteus, 60.

T *richoloma*
columbetta, 146.
josserandii, 149.
pardinum, 151.
portentosum, 150.
scalpturatum, 149.
sejunctum, 150.
terreum, 151.
virgatum, 151.
Tricholome
colombette, 146.
de Josserand, 149.
de la Saint-Georges, 147.
émarginé, 150.
jaunissant, 149.
prétentieux, 150.
terreux, 151.
tigré, 151.
vergeté, 151.
Trompette-des-morts, 152.
Truffe
de Chine, 154.
noire, 154.
Tuber
indicum, 154.
melanosporum, 154.
Tylopilus felleus, 56, 64, 66, 67.

V *erpa*
conica, 155.
bohemica, 155.
Verpe
de Bohême, 155.
en doigt de gant, 155.
Vesse-de-loup
géante, 156.
Volvaire visqueuse, 157.
Volvariella
gloiocephala, 157.

X *erocomus badius*, 56.

Crédits photographiques

AdobeStock.com – am13photo : 16 ; anna_shepulova : 4 ; Daniel Barhmann : 7 ; Dario Sabljak : 39 ; erika_mondlova : 101 b ; Henri Koskinen : 117 h ; Ionescu Bogdan : 6 g, 83 ; J.C.Salvadores 102 ; krot44 : 69 b ; Lcrms : 75 ; neillangan : 17 ; RistoH : 87 d ; Tomasztc : 42 h ; tumma_taivas : 115 g ; Uwalthie Pic Project : 156 h ; Witold Krasowski : 74 b. **Jean-Marie Polese :** 12, 35, 37, 40 h, 42 b, 45 h, 45 b, 49, 51, 52 h, 53, 54, 55 b, 56, 57 b, 58 b, 61 b, 62, 63 g, 64, 65 h, 65 b, 67 h, 68 h, 68 b, 70, 71, 73, 74 h, 78 h, 79, 80 b, 82, 84, 85, 86, 89 h, 89 b, 91, 92 h, 94, 101 h, 103 h, 105, 106, 107, 109, 110, 111 h, 112, 113, 116, 121, 127 b, 128, 132, 133, 136, 138, 140 b, 141, 142, 144, 145 h, 146, 147, 151, 152 h, 155 h, 157 h. **Shutterstock.com** – Adrian_am13 : 131 h ; Agnes Kantaruk 125 b ; Alexander62 : 124 ; All2014 : 52 b, 111 b ; Aniko Gerendi Enderie : 117 b ; Anna_Pustynnikova : 18 ; arenysam : 76 b ; Ari N : 25 m, 46 ; AS Food studio : 22 ; A.X.C. : 6 d ; bogdan ionescu : 55 h, 58 h, 76 h, 152 b ; David Carillet : 93 ; Dmytro Symochko : 66 h ; fedsax : 48 h ; Halfpoint : 11 ; Hallbergsf : 10 ; Henri Koskinen : 118 ; Henrik Larsson : 131 b ; Ivan Marjanovic : 24 ; John Navajo : 119 h ; Krot44 : 153 ; LFRabanedo : 114 ; LianeM : 61 h ; Liliya Kandrashevich : 14 ; Lisovskaya Natalia : 21 ; luri : 154 ; Martin Fowler : 78 b ; MikdaNema : 129 b ; Mirek Kijewski : 13 ; NK-55 : 125 h ; Paul Waschtschenko : 130 ; Peter Turner Photography : 41 ; Pieter Bruin : 40 b, 95 ; ressormat : 123 b ; Sherjaca : 8 ; Simon Groewe : 156 h ; Slobodan Cvetkovic : 9 ; Sutorius : 129 h, 150 ; Tanya_F : 23 ; Tomasz Czadowski : 60, 119 b, 155 b ; unverdorben jr : 66 b ; vitals : 92 b. **Wikimedia commons :** 25 h, 25 b, 26, 38, 43, 44, 47, 48 b, 50 h, 50 b, 57 h, 59, 63 d, 67 b, 69 h, 72, 77, 81, 87 g, 88, 90 h, 90 m, 90 b, 96, 97, 98, 99, 100, 103 b, 104, 108, 115 d, 120, 122, 123 h, 126, 127 h, 134, 137, 139, 140 h, 145 b, 148, 149, 157 b.